青少年
综合素质培养课

青少年
创造力
培养课

潜能

杜兴东　编著

全球经典的品质培养成长书系之一

你的人生第一课

北京出版集团
北京出版社

图书在版编目(CIP)数据

青少年创造力培养课．潜能／杜兴东编著．— 北京：北京出版社，2014.1
（青少年综合素质培养课）
ISBN 978 - 7 - 200 - 10282 - 6

Ⅰ．①青… Ⅱ．①杜… Ⅲ．①青少年—创造能力—能力培养 Ⅳ．①G305

中国版本图书馆 CIP 数据核字(2013)第 282791 号

青少年综合素质培养课
青少年创造力培养课　潜能
QING-SHAONIAN CHUANGZAOLI PEIYANGKE　QIANNENG
杜兴东　编著
*
北 京 出 版 集 团
北 京 出 版 社　出版
（北京北三环中路 6 号）
邮政编码：100120
网　　址：www．bph．com．cn
北 京 出 版 集 团 总 发 行
新 华 书 店 经 销
三河市同力彩印有限公司印刷
*
787 毫米 ×1092 毫米　16 开本　12 印张　170 千字
2014 年 1 月第 1 版　2023 年 2 月第 4 次印刷
ISBN 978 - 7 - 200 - 10282 - 6
定价：32.00 元
如有印装质量问题，由本社负责调换
质量监督电话：010 - 58572393
责任编辑电话：010 - 58572303

前　言

在美国西部，有个天然的大洞穴，它的美丽和壮观令人叹为观止。但是在这个大洞穴还没有被人发现之前，没有人知道它的存在，因此它的美丽也等于没有。

有一天，一个牧童偶尔来到洞穴的进口处发现了它，从此这个绿色洞穴才成了世界闻名的胜地。

我们身上有许多未被发现的"绿色洞穴"，这应该激起我们去探索和开发的欲望。这就像诗人惠特曼诗中所说：我，我要比我想象的更大、更美，在我的体内，我竟不知道包含这么多美丽，这么多动人之处……

其实这些绿色洞穴就是潜能。一般来说，潜能是指埋藏于人体未开发和未发挥作用的各种力量，即体力、智力还包括心理素质等。每个人都具有巨大的潜能。科学研究表明，一位普通人只要发挥体内50%的潜能，就可以掌握40多种语言，就可以背诵整部百科全书，就可以获得12个博士学位。

然而，大多数人平常只开发利用10%或者更少的潜能资源。这正是造成大多数人平庸而至失败的主要原因。可以说，人们对自身潜能的漠视，是一生中最大的错误。

下面让我们看一看潜能激励大师安东尼·罗宾斯自己的亲身经历：安东尼·罗宾斯仅有高中学历，在发迹之前他一贫如洗，房子小得连洗碗盘都得在浴缸中洗。那时他意志消沉，身材奇胖，穷困潦倒，前途暗淡。然而三年后，他的足迹遍及海内外，接触的对象有总统，也有病患者，涵盖社会各个阶层。虽然工作紧张，但他脸上总是洋溢着笑容。繁忙的工作结束后，他与爱妻就飞回加州圣地亚哥的家。那是一座可以俯瞰太平洋的别墅。这一切仿佛是天方夜谭，然而却是真实的。他是凭着他活学活用所习得的一些学术理论，获得今日的成就。

也正是他用自己的亲身经历给我们树立起开发自己潜能的榜样。

在安东尼的课程里，有一节是关于赤足过火的课程，所有学员都得面对由火红炽热的木炭铺成的"火路"，然后大胆而勇敢地赤足行过。对于没有过火经验的人而言，那是极为骇人的场面，有的人会哭，有的人会叫，也有的人会腿软，更有人发抖，不过最后大家发现只要在妥善安排的情况下，人人都能平安行过。

在我们每个人的生命中，都会面临许多害怕做不到的时刻，因为画地自限，使无限的潜能只化为有限的成就。当然我们无须真正去体验过火的行为，若我们能有不自限的认知，事实上我们的心灵就如同走过了那先前令你畏惧不前的火堆了。

为了便于青少年朋友领会潜能的伟大之处，我们用许多的精彩案例，加以哲理的阐释。本书融实用性、可读性于一体，既通俗又有一定思想深度，且能给人以启迪和教益。

有位哲人说过这样的话：人生伟业的建立，不在能知，乃在能行。的确，如果不懂得运用知识，我们是永远也迈不出脚步的。潜能之所以伟大，是因为它能释放出强大的力量，如果你不想方设法释放潜能，那么你只是平庸的一个人。

目　录

第一章

你比自己想象的要强大

导 言

任何成功者都不是天生的，他们成功的根本原因是开发自身无穷无尽的潜能。每个人都有相当大的潜能。爱迪生曾经说："如果我们做所有我们能做的事情，我们毫无疑问地会使我们自己大吃一惊。"你是自己命运的主人，只有你自己才能决定你的前途。你可以改变你自己，提高自己，做你想做的事。世上没有什么不可能的事情，只有不可能的自己。追求成功的人，必须为自己的将来负责。他所做的，应该有助于实现他的目标。他必须为自己的决定、取舍和行为承担责任，必须自己为自己考虑，选择那些可以指导自己生活的价值、目标，而不是不加辨别，接受家庭、朋友或其他人所讲述的一切。

没有谁必须对你负责，家庭、朋友，甚至政府，都是如此，你只有自己对自己的将来负责，生活的重担不可能让他人来为你负担。你在生活中，应该选择一种积极而不是消极的方式。

你能为自己承担多少责任，你就能获得多少快乐和成功。如果你限制自己的发展，环境分配你做什么你就做什么，这样你永远与成功无缘，真正的成功需要你打破常规，作出更多的贡献。

我们需要的，不是问自己生活中需要什么，而是问："我要得到这些我希望的东西，必须做些什么？"世界在飞速地变化，你必须做出选择，或者现在就注意发展自己的潜能，以便将来取得成功；或者，像你周围的人那样，只是不断地抱怨生活，从来不去行动。打破常规，才能发展。明智的人会选择前者而摒弃后者。

只要你知道如何对你的消极情绪宣战，你的自信心就会在你的积极生活方面支持你，使你在你的心灵战场中打胜这场战争。

不要怀疑，你的心灵的确是一个战场，只要你能战胜，你就会安享你心灵的太平日子。

你的陆军，慢慢爬过浓密的丛林，与敌人接触，刺探对方的阵地，这就是你认识你的思想和心理的重要性。

你的空军，拥有最新型的喷气式飞机和战术上的攻击力，就是采用一种积极的人生哲理，设定你的目标，把握你的成功契机。你建立空军，就加强了你的自信心、你的自我认可。

而且，你在开始这场战争之前，必须先把这个自我挫败的关键找出来，把它从你的心中连根拔除。

这样把你的想法与战争相比，会使你感到好笑吗？应该不会。在这个纷繁的世界中，心里充满忧患的人实在太多了。若要消除这种忧患，以快乐的观念和心态取而代之，往往需要发动一场战争才行。借用美国前总统威尔逊的话，一场"使你心灵安享幸福"的战争。

过去100年来，人类的发展突飞猛进，因此现在我们可以说：一个人的思想和他的心像胜于枪炮。我们要对我们的消极情绪宣战；对我们的失败心理宣战，不过，且让我们先行决定：我们的基本目标只是消灭我们的消极思想，享受太平安乐的生活。然后进行其他的目标，去充实自己的生活、去过积极的生活。

而我们当前最重要的目标是：把自己从虚妄的信念之中唤醒过来，免得它们麻醉了你，使你错过成功机遇。

假如你让自己的虚妄信念，把你拖入失败的境地，你的目标又有什么意义？你对自己又能做些什么？除了沉入消极抑郁，放弃一切目标，遮掩人生阳光，在别人都开始美好生活的时候躲在黑暗的房屋中哀伤厌世之外，还能做些什么？

成功生活的要诀，在于超越你的失败，不要为错误而哀伤，放下自疚的担子——坚定地进入人生的佳境。

认识你自己

你到底是一个怎样的人？这句话足可以问倒很多人，要是自己还不知道自己是什么样的人，那么要谈发挥潜能就没有必要了。

有一位老师，常常教导他的学生说：人贵有自知之明，做人就要做一个自知的人。唯有自知，方能知人。有个学生在课堂上提问道："请问老师，您是否知道您自己呢？"

"是呀，我是否知道我自己呢？"老师想，"嗯，我回去后一定要好好观察、思考、了解一下我自己的个性、我自己的心灵。"

回到家，老师拿来一面镜子，仔细观察自己的容貌、表情，然后分析自己的个性。

首先，他看到了自己亮闪闪的秃顶。"嗯，不错，莎士比亚就有个亮闪闪的秃顶。"他想。

他看到了自己的鹰钩鼻。"嗯，英国大侦探福尔摩斯——世界级的聪明大师就有一个漂亮的鹰钩鼻。"他想。

他看到自己的大长脸。"伟大的林肯总统就有一张大长脸。"他想。

他发现自己个子矮小。"哈哈！拿破仑个子矮小，我也同样矮小。"他想。

他发现自己有一双大撇撇脚。"呀，卓别林就有一双大撇撇脚！"他想。于是，他终于有了"自知"之明。

"古今中外名人、伟人、聪明人的特点集于我一身，我是一个不同于一般的人，我将前途无量。"第二天，他对他的学生说。

悲哀，如此"自知"，还不如"无知"为妙。

现在请你花点时间好好回答问题："到底我是怎样一个人？"从2000多年前的苏格拉底到近代的沙特，他们也一直在思索这个问题。请你让心情平静下来，带着好奇心，深深地吸一口气，然后慢慢地呼出来，对自己问道："到底我是怎样一个人？"

认识自我包括的内容如下：我对身体外形的认识——有什么优势，有哪些缺陷；我的情绪个性——易冲动的还是沉着的；我的气质类型——胆汁质、多血质、黏液质、抑郁质；我有什么长处，有哪些短处……比如一些人会因为自己的高矮或胖瘦而不能坦然面对，那么他的自我认知就出现了障碍。也有一些人对自己所扮演的角色、所处的位置认识不清，导致命运的悲剧发生。

当然，我们永远可以重新来认定自我，各位不妨想想儿童内心里丰富的想象力，前一天他可能是扶弱济贫的蒙面侠佐罗，后一天就可能变成希腊神话里的大力士赫尔克里士，到了今天很可能他已成为一位老祖父，是自己现实生活中的英雄。自我认定的转换很可能是人生中最有趣、最神奇和最自在的经验，这也就是何以有那么多成人会一整年都盼望着万圣节或新奥尔良市的狂欢节，其中一个原因是这两个节庆能使他们走出自我，而改换成期望的另外一个自我。这个暂时的自我可能会让他们有勇气去做那些平常不敢做的事，而那些事是他们一直想做的，这是因为那跟他们平日的自我认定不相符所致。事实上，那些事我们可以在一年的任何一天去做，只要我们能重新认定自我，或者纯粹就是让"真实的自我"释放出来，那就有如斯文的克拉克·肯特取下眼镜，脱下西装，摇身一变就成了无敌超人。谁能知道，当我们重新自我认定，很可能就此超越了过去及现在所贴在身上的一切标签。

人贵有自知之明，自欺欺人只会招来麻烦。有自知之明的人，知道自己的优点和弱点，知道自己应该做什么，不该做什么，同时也会得出自己能做什么的结论。

知道自己想要追求什么，才会变得更强大；避免自己的弱点去做事情，就会减少犯错误的机会。他们不仅只是自知，还能借鉴他人的经验教训，避免走弯路，使自己陷入不利的境地。

尼采说过："聪明的人只要能认识自己，便什么也不会失去。"

可是认识自己并不简单，人总是常常犯"左"倾或者右倾的错误，不是以为自己一无是处而自卑，就是以为自己无所不能而自负，自卑与自负之间，是因为对自己的认识有了偏差。正确认识自己，才能使自己充满自信，才能使人生的航船不迷失方向。正确认识自己，才能正确确定人生的奋斗目标。只有有了正确的人生目标，并充满自信，为之奋斗终生，才能此生无憾，即使不成功，自己也会无怨无悔。

不能很好地认识自己的人，千万别忘记了上帝为我们准备了另外一面镜子，这面镜子就是"反躬自省"四个字，它可以映射出落在心灵上的尘埃，提醒我们"时时勤拂拭"，使我们认识真实的自己。

你比自己想象的要强大

在同样的一个社会现实里，一些人成大业成大功；一些人成小业成小功；一些人一蹶不振。不少人为了一个远大的目标，能经受长年累月的考验，作长期的努力，也有不少人虽向往成功，却经不起几次挫折便向困难投降。这里，一个重要的因素是，你的需要是什么？产生的内在动力是强还是弱？一般小马达，也许可以带动一辆小拖车，但绝对带动不了一列大火车。你想成大功成大业吗？很好。但你必须了解带动火车飞速前进的动力机车与一般小马达的区别。确切地说，你必须了解你内心世界能推动你前进的动力是什么？动力有多大？美国现代社会心理学家马斯洛一生最大的贡献是研究了人的需要与行为动机的关系。马斯洛指出，人的行为动机与五个层次的需要相关联：

（1）生理需要（饥、渴、性欲等）。

（2）安全需要（身心不受侵犯、有保障）。

（3）爱的需要（友情、归属、爱情等）。

（4）尊重与成就的需要（地位、荣誉等）。

（5）自我实现的需要（个人潜能得以发挥、为理想和信仰而奋斗、创造性地工作等）。

一般情况，人们必须先生存后发展，所以人的低层次的生理需要、安全需要比高层次的爱的需要、尊重的需要更加强烈。自我实现的需要，一般必须在前面四个层次的需要得到基本满足之后才会产生。

有些人由于长期没有得到低层次需要的满足，可能会永久地失去对高层次需要的追求。

然而，从成功的大小来说，高层次的需要推动大成功，低层次的需要推动小成功。这种内在的动力就是你最初在心里萌生的那个欲望。你要什么，犹如你在心田里播种什么，你一定能收获它。如果你要烦恼，你也会得到烦恼。如果你不要烦恼，烦恼就会走开。如果你要安宁幸福，同样你也会得到。你要成功、卓越，你必定能够成功、卓越！

你要出类拔萃，你就一定能出类拔萃。一颗伟大的"心"，便是一个人成就伟业的强大动力。一块价值5元的生铁，铸成马蹄铁后可值10多元；若制成工业上的磁针之类的东西就值3000多元；倘若制成手表发条，其价值就是25万元之多了。

想一想在全世界流行的饮料——可口可乐，每天，你的眼睛与耳朵都充塞着各种各样有关"可乐"的积极信息。那些制造可口可乐的人不断地向你灌输"可乐"的好处。如果他们不这样做，很有可能你会对可乐渐渐冷淡起来，其销量也就下降了。很显然，可口可乐公司并不打算让这种情况发生，他们不断地向你推销可乐。

每天，我们都能发现，许多人不再努力了，究其原因是他们缺乏自尊。他们小看自己，总觉得自己很渺小，什么也不行。因为他们这样想，所以他们真的变成了他们思想中的那种人。这些失去了活力的人们，需要重新振作起来，重新认识自我，要把自己看成是第一流的人物，对自己要真诚信赖。

唯一的结论是：你比你想象中的自己还要伟大。所以，要将你的思想提高到真正的高度，绝不要看轻自己。

总之，思想远大的人很善于在自己和别人心中，创造出乐观积极富有展望性的画面。你自己想要取得多大的成就，你就得树立多大的志向、多大的理想。成就伟大的事业与鼠目寸光是格格不入的。许多人一事无成，就是因为他低估了自己的能力，妄自菲薄，以致减少了自己所获得的成就。

借助"他人"这面镜子

他人是我们的一面人生之镜，因为自我认识有时候难免带有个人主观色彩，这样的评价就会有失偏颇。有句诗叫作"不识庐山真面目，只缘身在此山中"，用在情商上面就是关于自我认识的局限性问题。人之所以"不识庐山真面目"——不能正确、准确、精确地认识自己，就是因为当局者迷。如何借助"旁观者清"的力量来剖析自己，是完善自我认识所必需的。

了解其他经常与你接触的人对你的评价，是一个人了解自己的重要途径。你可以邀请父母或者其他经常与你在一起的人用一些形容词描述你的特点。

一位曾担任微软全球副总裁的人说起这样一件事：我的下属中有一个"自觉心"明显不足的人。他虽然有一些能力，但是他自视甚高，总是对自己目前的职位不满意，随时随地自吹自擂，总是不满现状。前一段时间，他认为我不识才，没有重用他，决定离开我的组，并期望在微软其他组中另谋高就。但是，他最终发现，自己不但找不到更好的工作，公司里的同事也都对他颇有微词，认为他缺少自知之明，期望和现实相距太远。最近，他沮丧地离开了公司。接替他职位的人，是一个能力很强，而且很有"自觉心"的人。虽然这个人在上一个职位工作时不很成功，但他理解自己升迁太快，愿意自降一级来做这份工作，以便打好基础。他现在的确做得很出色。

每个人总是会跟别人交往、共处，因而别人对你的态度，相当于一面镜子，可以用以观测到自身的一些情况。比如某人若是被父母所钟爱，被师长所重视，被朋友所尊重和喜爱，大家都乐于和他交往，愿意和他一起工作或游戏，那就表明他一定具备某些令人喜爱的品质。如果他经常被大家推举承担某项工作，或是经常成为周围人们求教的对象，则表明他具备某些领导才能，或是在某些方面超越了其他人。反之，如果一个人不被周围的人所重视和喜爱，甚至大家对他有厌恶感，不喜欢与他一起工作或活动，这虽不足以说明此人满身缺点，但通常情况下，他应当会感到不安，应当自我反省一下了。

我们因为看不见自己的面貌，就得照镜子。同样，当我们无法准确地衡量自己的人格品质和行为时，就得利用别人对我们的态度和反应，来获取一些正确的自我认识。

任何一位成功者，必定对自己有一个清楚而正确的认识。谁若看不清自己，必将成为一个失败者。

在现实生活中，有些人看不清自身的缺陷，也有些人恰恰相反，看不到自身的优势和优秀的品质。

丹尼斯加入某保险公司快一年了，他始终忘不了工作第一天打的第一个电话。当他热情地拨通电话，联络自己的第一个客户时，没想到他刚说明了自己的身份，对方就非常生硬地打断了他的话，不但拒绝了他的推销，更是将他骂了一顿，声称自己身体很好，不需要什么保险。从那以后，再打电话推销时，丹尼斯心中便有了阴影，讲话吞吞吐吐，自然没有人愿意向他买保险。这片阴影越来越大，他甚至不再愿意去摸电话。工作近一年的时间，他一份保单都没有签成。他灰心极了。

就在这时，他的经理找他谈话，说他是一个优秀的推销员，吃苦耐劳又很勤奋，只欠一点勇气，如果敢于走出第一步，那么未来的路就会是光明而平坦的。听了经理的话，丹尼斯深受激励，他鼓足勇气，决定搏一搏。他找出一个曾经联系过却被拒绝的客户资料，仔细研究他的需要，选择了一份适合他的险种。一切准备妥当后，他拨通了对方的电话，他的自信和真诚征服了那个客户，对方买下了他推销的保险。丹尼斯终于发现了自己的优势，尝到了成功的滋味。

所以，在自我认识的时候，想做到客观、全面，就必须通过他人的眼睛认识自己，有则改之，无则加勉。但切忌完全依赖他人，这样会走进没有主见的沼泽。

你所得到的总是你想要的

有些人以为自己想要的东西和自己最后得到的东西总是不一样。那是因为你根本就没意识到自己身体里有巨大的潜能可以帮助你实现愿望。如果你准备外出旅行，你一定会先确定目的地，然后研究地图，确定行走的线路，制订详细的旅行计划，包括第一天到哪里，第二天住哪家宾馆等，然后才会出发。然而，让我们迷惑不解的是，虽然许多人都有成功的欲望，也确定了成功的目标，但在100个人当中，大约只有两个人制订了达到成功目标所准备实施的规划，其他大多数人则是随波逐流。这100个人当中只有两个人成为伟人，而其他人只能做普通人。

正如建造房屋要事先画好图纸一样，成功也要有具体的步骤。没有规划的人，就如同没有航线图的航行者，不知身在何方，目的地在何处，即使非常忙碌，也不会有什么成效。现实与目标之间，有着较长的路程，并且这段路程往往充满了艰难坎坷，不可能是一帆风顺、一蹴而就的。我们要实现目标，就要一步一步地走。正如我们知道某个山峰上有宝藏，但如何爬上山峰，却很有讲究，每一步都要认认真真地走。成功也是一样，我们需要将通向成功目标的路程分解成一个一个的步骤，然后逐步完成。

你的人生，应该有规划。制订规划实际上也就是制订行动的纲领，它将告诉你如何通向目标，就像路线图一样告诉你如何从A点到达B点。例如，如果你的目标是增加50%的生产量或销售量，你就必须规定每天每月所必须达到的数量以及需要采取的措施；再如，你想在年底前修3门新课程，那么必须事先规划，否则你可能排不出时间去上任何课程。

许多人成功的欲望很强烈，天天想的就是功成名就；目标也制订得非常明确，但他们最终总是空梦一场，其原因就是缺乏具体可行的规划。说得更加明确一点，就是缺乏实现目标的具体计划。成功者的经验表明，只有当你事先做好规划，并且让你的规划帮助你发挥你的潜力和创意，你才有可能真正实现你的梦想，达到你的目标。

一般来说，在制订规划时，要注意以下几个问题：

1. 你的目标是什么？

2. 对于你自己以及影响目标实现的一切事物，你有何了解？

3. 你拥有什么样的物质条件来实现你的目标？

4. 你怎样计划运用人力、物力来实现你的目标？

你应该给自己的计划安排一个合理的进度表，要从上一级明确到下一级。要把每个目标都当成是某一天的第一任务，全力以赴地去完成。然后对本年度或一个月各个目标的执行情况一一检查，凡是能够顺利完成的目标加以保留，否则便取消或更改。

另外，一个没有期限的梦想或是目标，效果是非常有限的。

有些人设立过非常多的目标，但是，却很少实现，原因有以下几点：不合理；没有期限；缺乏详细的计划；没有天天衡量进度。

这种计划是注定要失败的，即使偶尔取得成功的话，也是侥幸得来的运气。千万不要靠运气生活，你一定要靠目标和计划生活，这是成功者必备的条件，也是每一个成功者不断在做的事情。每一个成功者都有明确的目标，也都有伟大的梦想，同时他们都有具体的计划和期限。

你可以把你的所有目标集中在一起，想象成一个金字塔，塔顶是你的人生目标。你的每一个目标和为达到目标而做的每一件事情都必须指向你的人生目标。

这个金字塔一般由五层组成。最上的一层最小，是核心。这一层包含着你的人生总体目标。

下面每一层是为实现上一层的较大目标而要达到的较小目标。这五层可以大致表述如下：

1. 人生总体目标

这包含你的一生中要达到的 2～5 个目标，如果你能够达到或接近这些目标，就说明你已经基本实现定下的人生目标了。

2. 长期目标

是你为实现每一个人生分目标而制订的目标。一般来说，这些是你计划用 10 年时间做到的事情。虽然你可以规划 10 年以上的事情，但这样分配时间并不明智。目标越遥远，就越不具体，就越可能夜长梦多。但制订长期目标是很重要的，没有长期目标，你就可能有短期的失败感。

3. 中期目标

这些是你为达到长期目标而制订的目标。一般地说，这些是你计划在 5 ~ 10 年内做的事情。

4. 短期目标

这些是你为达到中期目标而制订的目标。实现短期目标的时间为 1 ~ 5 年。

5. 日常规划

这是你为达到短期目标而定的每日、每周及每月的任务。这些任务由你自己分配时间的方式而定。

虽然制订短期目标一直是成功者的主要策略，但是很多人仍然不太懂得如何制订。针对此问题，我认为短期目标是一种独特的工具。它界定什么重要，什么不重要，它使我们集中力量努力完成每一阶段的目标。短期目标是动用人力去取得特殊结果的基本工具。

左右影响力的五大效应

如果我们想改变自己的行为，一个有效的办法就是：把我们的行为的旧行为和痛苦连在一起，而把所有希望的新行为和快乐连在一起。我们每个人在成长的过程里，要学会独有的思考和行为，继而再用自己的行为去影响他人。

1. 蝴蝶效应：把你的影响力传染给别人

一个人以一个灿烂的微笑、一个习惯性的动作、一种积极的态度或真诚的服务，都可能发现生命中意想不到的起点，它能带来的远远不止一点点喜悦和表面上的报酬，而是会给一个人带来一个具有影响力的人生。

当你处于明处，对方处于暗处时，你一定不会感到舒服。自己表露情感，对方却讳莫如深，不和你交心，你一定不会对他产生亲切感和信赖感。当一个人向你表白内心深处的感受，你可以感到对方：首先信任你，其次想和你达到情感的沟通。这就会一下子拉近你们的距离。

而有的人，虽然很擅长社交，甚至在交际场中如鱼得水，但是他们却少有知心朋友。因为他们习惯于说场面话，做表面功夫，交的朋友又多又快，感情却都不是很深。因为他们虽然说很多话，但是很少暴露自己的感情。其实人人都不傻，都能直觉地感到对方对自己是出于需要，还是出于情感而来往。

有影响力的人会认为，一个人应该至少让一个重要的他人知道和了解真实的自我。这样的人在心理上是健康的，也是实现自我价值所必需的。

当然，"自我暴露"不足不好，但过度也是不好的。总是向别人喋喋不休地谈论自己的人，会被他人看作是一个自我中心主义者。想提升自己影响力的人必须明白：理想的自我暴露是对少数亲密的朋友做较多的自我暴露，而对一般朋友和其他人做中等程度的暴露。

而且，你也不一定要说你的秘密，在不太了解的人面前，我们可以交流一些生活中并不私密的情感，既给人亲近之感，又不会让自己处于不安全的境地。

2. 互惠效应：一个古老的原理，给予、索取……索取

互惠原理认为：我们应该尽量以相同的方式报答他人为我们所做的一切。简单来说，就是对他人的某种行为，我们要以一种类似的行为去回报。如果人家给了我们某种好处，我们就应该以另一种好处来报答他人的恩惠，而不能对此无动于衷，更不能以怨报德。于是，我们身边这一最有效的影响力的武器，就被某些人利用来谋取利益了。

想想这个结果对我们意味着什么！这就是说，对那些平常我们不喜欢的人，像不请自来的推销员、令人讨厌的点头之交，或是一些稀奇古怪的组织的代表，只要他们在提出请求之前送我们一个小小的人情，我们就极有可能答应他们。

3. 社会认同原理：从成功走向成功的捷径

社会认同原理认为：我们进行是非判断的标准之一就是看别人是怎么想的，尤其是当我们要决定什么是正确的行为时。如果我们看到别人在某种场合做某件事，我们会断定这样做是有道理的。

每个城市、每个居民都熟悉一种现象，那就是儿童学钢琴热，或者学外语热，或者健身热。总之，社会中总是会有大规模的从众行为，似乎每个人都要参考周围的人的行为来决定自己应该做些什么，这样至少可以让自己顺应潮流。

4. 破窗效应：诱导的连锁反应

如果有人打破了一个建筑物的窗户玻璃，而这扇窗户又得不到及时的维修，别人就可能受到某些暗示性的纵容去打烂更多的窗户玻璃。久而久之，这些破玻璃就给人造成一种无序的感觉。所以，影响力也是如此。

居民楼的一扇玻璃窗被打碎，如果得不到及时修理，就会给你们传递一个信号：没有人关心玻璃是否完好。于是，"破窗效应"开始发生作用，更多的玻璃被打碎。

美国有一家以极少辞退员工著称的公司。一天，资深熟手车工戴维为了赶在中午休息之前完成2/3的零件，在切割台上工作了一会儿之后，他就把切割刀前的防护挡板卸下放在一旁，没有防护挡板安放收取起加工零件来更方便、更快捷一点。大约过了一个多小时，戴维的举动被无意间走进车间巡视的主管逮了个正着。主管大发雷霆，除了目视着戴维立即将防护挡板装上之外，又站在那里控制不住地大声训斥了半天，并声称要作废戴维一整天的工作量。

事到此时，戴维以为结束了，没想到，第二天一上班，有人通知戴维去见老板。在那间戴维受过好多次鼓励和表彰的不规则形状的总裁办公室，戴维听到了要将他辞退的处罚通知。总裁说："身为老员工，你应该比任何人都明白安全对公司意味着什么。你今天少完成了零件，少实现了利润，公司可以换个人、换个时间把它们补回来，可你一旦发生事故，失去健康乃至生命，那是公司永远都补偿不起的……"

离开公司那天，戴维流泪了，工作了几年时间，戴维有过风光，也有过不尽如人意的地方，但公司从没有人对他说不行。可这一次不同，戴维知道，他这次碰到的是公司灵魂的东西。

这个故事表明：一些影响深远的"小过错"通常能产生无法估量的危害，没能及时修好自己"打碎的窗户玻璃"也许能毁了自己的职业成果。所以，要想提升自己的影响力，作为公司的一员，为了避免此类"悲剧"的发生，我们应该：不去做打破窗子的事，如果做了也要及时修补。

5. 木桶定律：团队影响力的软肋

木桶定律，也叫短板定律。就是说一个木桶由许多块木板组成，如果组成木桶的这些木板长短不一，那么这个木桶的最大容量不取决于长的木板，而取决于最短的那块木板。一个组织，不是单靠在某一方面的超群和突出就能立于不败之地的，而是要看整体的状况和实力；一个团体，是否具有强大的影响力，往往取决于其是否存在突出的薄弱环节。劣势决定优势，劣势决定生死。这就是市场竞争的残酷法则。

一个团体和一个人都需要注意短板效应，改进自己的短处，发挥自己的长处。

第二章

引爆你头脑里的 TNT

导 言

安东尼·罗宾斯说："与其追求好高骛远、不着边际的目标，不如不懈地挖掘自身的钻石宝藏。只要你不懈地运用自己的潜能，你就能够实现自己的人生理想。"最可贵的宝藏往往不在远方，而在于我们自身，在于我们的头脑。引爆潜能，我们首先要学会思考。就像牛顿说的："思索，继续不断地思索。如果说我对世界有些微贡献的话，那不是由于别的，而是由于我的辛勤耐久的思索所致。"所以说，你的思路决定着你的出路，思考有多深，你就能走多远。人的心脑拥有的智慧和潜能是巨大无比的。人的思维有了不起的能量。任何创新的成果，都是思考的馈赠。人世间最美妙绝伦的，就是思维的花朵。思索是才能的"钻机"，思考是创造的前提。因此，潜心思考总是为成功之士所钟情。

"书读得多而不加思考，你就会觉得你知道的很多，而当你读书且思考得越多的时候，你就会清楚地看到你知道的还很少。"这是哲学家伏尔泰的体悟。

"学习知识要善于思考、思考、再思考，我就是靠这个学习方法成为科学家的。"爱因斯坦如是说。

牛顿敞开心扉："如果说我对世界有些微贡献的话，那不是由于别的，而是由于我的辛勤耐久的思索所致。"

思想家狄德罗坦言自己的治学之道："我们有三种主要的方法：对自然的观察、思考和实验；观察搜集事实；思考把它们结合起来，实验则来证实组合的结果。对自然的观察应该是专注的，思考应该是深刻的，实验则应该是精确的。"

将一半时间用于思索，一半时间用于行动，无疑是人才的成功之道。不懂得运用思索这一"才能的钻机"的人，是难以开掘出丰富的智慧矿藏的；不善于思考的人，就不能举一反三，触类旁通，享受创新的乐趣。赢得一切、拥抱成功的关键，则在于你能不能积极地思考、持续地思考、科学地思考。

要战胜困难，达到理想的效果，深思熟虑是不可缺少的条件。在科学、艺术创造中，在规划方案、产品设计、经营运筹中，在理论体系的构筑中，思考具有不可替代的功能。

"真正的艺术和真正的恋爱一样，是在痛苦中追求幸福。"这是一位艺术家的深切体会和感受。思考能发现美、创造美、收获美。我们要营造一个自由的天地、静谧的空间，不受束缚地思考、海阔天空地思考、持之以恒地思考，这样，创造的闪光必将降临到你的身边。

要提倡多元思考。在对某一复杂问题进行解答时，不要只满足于一个正确结论，要允许多种方案并存。许多问题的结论是开放性的、多元化的。

如有人问："失去了工作，我该怎么办？"可以有多种回答："重新择业。""开创自己的事业。""回到学校去，学习新知识，另谋新职业。"……

培养独立思考的能力是许多教育家、科学家们所高度重视的。陶行知的一首诗中曾这样说："我有几位好朋友，曾把万事指导我。你若想问其姓名，名字不同都姓何：何事、何故、何人、何如、何时、何地、何去，好像弟弟与哥哥。"

爱因斯坦则鲜明地表示，学校的目标应当是培养有独立行动和独立思考能力的个人。"发展独立思考和独立判断的一般能力，应当始终放在首位。"

思考，要有无拘无束的自由空间，没有杂事的纷扰，没有物欲的冲击，没有他人的强求，这种思考环境才是最为珍贵的。

钻石宝藏就在你家后院

每个人都具有某种特殊的潜能，但是许多人并不认为这些特殊潜能会对现在的工作有所帮助，还有更多人根本不知道如何利用自己的才能，以致将属于自己的这项潜能白白浪费了。

我曾在演讲中讲述过一个农夫的故事：

有一个农夫拥有一块土地，生活过得很不错。他听说有的土地下面埋着钻石。一块钻石足以使一个人非常富有。于是，农夫把自己的土地卖了，离家出走，四处寻找可以发现钻石的土地。农夫走向遥远的异国他乡，然而从未发现钻石。最后，他囊空如洗。在一个晚上，他满怀绝望之情，在一个海滩自杀身亡。

无巧不成书，那个买下这个农夫的土地的人在散步时，发现了一块异样的石头，他拾起来一看，它晶光闪闪，反射出光芒。他仔细察看，发现这竟是一块钻石。这样，就在农夫卖掉的这块土地上，新主人发现了从未被农夫和其他人发现的钻石宝藏。

这个自杀身亡的农夫并不懂得：财富不是仅凭奔走四方去发现的，它属于那些自己去挖掘的人，属于依靠自己的土地的人，属于相信自己能力的人。

这个故事也让我们懂得：在我们身上蕴藏着巨大的潜力和能力。我们身上的这些潜能足以使我们的理想变成现实。只要我们不懈地挖掘自己的潜能，不懈地运用自己的潜能，为实现理想付出辛劳，我们就能够做好想做的一切，就能够成为自己生命的主宰。

每个人身上都有自己巨大的"钻石宝藏"，每一个人都是一个巨大的未知，同样每一个人都可能创造一个巨大的奇迹。但是由于诸多俗事的缠绕，人心被蔽于浑浊的世俗中，人也就失去了创造奇迹的可能，放弃了他们巨大的未知。潜能，就是被人放弃的一种巨大的未知，是被人所忽视的"钻石宝藏"。这种极昂贵的生命资源，人却轻视了，甚至浑然不知。这比失去任何财物都更令人痛心。

人的潜能是生命机体的超常部分，它们有神秘、卓越和可怕的能量。

人需要持续不断地向未知潜能进发，以发现肌体更多的功能器官和相关器官的综合功能。谁掌握了这些潜能或其中之一，谁的生命就首当其冲地进入超常境地，获得大量能量的感觉，也就充分地发掘了你的"钻石宝藏"。

人最向往的事情之一，就是对生命潜能的激发利用。古往今来，无数的人云聚在生命潜能的渊薮旁，试图破解其迹，实现生命潜能的最大化。经过一些努力，人进行了各种生命实践，并总结出了很多方法和心得。

为了开发潜能，建议常人这样尝试：闲的时候，养成独处的习惯。一个人常到河边或山上，长时间地闲坐。这时你会产生一些感觉，首先是心的感觉活跃了，其后，器官的灵敏度也提高了。如耳朵可听了，眼睛明亮了，身体中诸多叫不出名字的器官也开始轻微地动了，等等。总之，身心的自然质地恢复了，心的想象能力和情感能力也得到了增强，在这种变化中，天地万物和我们接近了，我们处在其中。有了这种变化，人对独处产生了依恋，身心进一步获得解放。结果你的感悟能力增强了，想象、情感活跃了，身体和器官的存在鲜明了。但这仅仅是一个有限的涉入，你不可能因此而穷尽生命的潜能和未知。这只是一个摆脱世俗昏昧的最简单办法，是一个登堂的阶段，而不是入室的境界。要想真正发掘你身上的"钻石宝藏"，开发你的生命潜能，光靠这些还是远远不够的。

一般来说，人的才能源于天赋，而天赋又不太容易改变，所以很少有人相信潜能。但实际上，大多数人的志气和才能都深藏着，必须要外界的东西予以激发。志气与才能一旦被激发，如果又能加以继续关注和教育的话，就能冲破一切束缚，闪耀出光芒，否则终将萎缩而消失。

　　因此，如果人们的天赋与才能不被激发、不能保持、不能得以发扬光大，那么，其固有的才能就会变得迟钝并失去它的力量。你有能力唤醒你心中沉睡的巨人，那么为什么不从现在就动手呢？

认识潜能的伟大力量

无数事实和许多专家的研究成果告诉我们：每个人身上都蕴藏着巨大的潜能。美国学者詹姆斯根据她的研究成果说："普通人只发展了他蕴藏能力的 1/10。与应当取得的成就相比较，我们不过是在沉睡。我们只利用了我们身心资源的很小的一部分，甚至可以说一直在荒废。"我们每个人的身体内部都蕴藏着巨大的潜在力量，它等待着我们去发现、去认识、去开发。

这种力量一旦引爆出来，将带给你无穷的信心和能量。

很多人都在抱怨他们时运不济，他们厌倦生活，却没有意识到：在他们身上有一种力量，这种力量会使他们获得新生。

当生命不断前行的时候，一个人可能会一次又一次地处于逆境中。不久，他便形成了这样一种生活态度：人生是艰难的，人生就是战斗，生活总是跟我过不去，做这样或那样的努力都是毫无用处的，我不可能成为赢家。自此，这个人也就会灰心丧气，认准无论自己怎么做，都不会有什么好结果。在生活中取得成功的梦想破灭之后，他便将注意力转移到子女身上，希望他们的人生会是另外一种样子。有时，这会成为一种解决问题的方式，然而孩子们又会陷入和父辈们相同的生活方式中。最后，这个人得出结论：只有一个办法能解决问题，那就是用自己的双手结束自己的生命——自杀。自始至终，这个人都没有能够发现可以改变他的人生的巨大力量。他没有能够发现这种力量，他甚至不知道这种力量的存在。他看见成千上万的人在以和他相同的方式与命运抗争，然后他认为那就是生活。

殊不知，在每个人的身体里面，都潜伏着巨大的力量。

病人在生命垂危时，在听了医师或亲友的一席热烈恳切的安慰话后，竟然会起死回生。这种情况在医生看来，也是常有的事。对很多人来说，疾病之所以置人于死地，首先是因为其失去了对生命的信心。在人们的身心里面，其实有着巨大的内在力量。遗憾的是，我们中的大部分人都没有认识到这种力量。

励志大师马丁·科尔曾经讲过这样一个故事：

亚历山大图书馆被烧之后，只有一本书保存了下来，但并不是一本很有价值的书。于是一个识得几个字的穷人用几个铜板买下了这本书。这本书并不怎么有趣，但这里面有一个非常有趣的东西！那是窄窄的一条羊皮纸，上面写着"点金石"的秘密。

点金石是一块小小的石子，它能将任何一种普通金属变成纯金。羊皮纸上的文字解释说，点金石就在黑海的海滩上，和成千上万的与它看起来一模一样的小石子混在一起。真正的点金石摸上去很温暖，而普通的石子摸上去是冰凉的。然后这个人变卖了他为数不多的财产，买了一些简单的装备，在海边扎起帐篷，开始检验那些石子。

他知道，如果他捡起一块普通的石子并且因为它摸上去冰凉就将其扔在地上，就有可能几百次地捡拾起同一块石子。所以，当他摸着冰凉石子的时候，他就将它扔进大海里。他这样干了一整天，却没有捡到一块是点金石的石子。他又这样干了一个星期，一个月，一年，又一年，还是没有找到点金石。

有一天上午他捡起了一块石子，这块石子是温暖的，他把它随手就扔进了海里。他已经如此习惯于做扔石子的动作，以至于当他真正想要的那一个到来时，他还是将其扔进了海里……

其实我们也和这个人一样，有多少次我们已经触摸到了这种巨大的力量却没有认出它？有多少次这种巨大的力量就握在我们手中而我们却把它扔掉了，仅仅因为我们没有认出它。有多少次它就出现在我们眼前，然而，我们没有看到它，没有认识到它可能带给我们的种种益处。

从现在开始，就着手认识你的潜能吧！它的伟大力量，完全可以帮助你开辟出一个崭新的生活来。

正确方法是灵丹妙药

头脑里的潜能虽然无法看见，但是它的力量极为广大。在你的潜意识里，你会找到每一种问题的解决方案，以及每一个结果的原因。你需要养成勤于思考的习惯，但同时也应该懂得如何高效地思考。

启发多元思考，显然比只信奉一个答案更能开发人的创造力。法国哲学家埃米尔·查特依尔一语中的："仅有一种想法比任何事物都可怕。"

在学习方法中有一种"发现法"，即用发现的态度去学习，在作出了自己的独立发现后，再与书上的发现进行比较的方法。它由美国心理学家布鲁纳首创，这种方法对培养人的独立思考能力，有现实的效果。它有利于人们发现问题、扩展知识，从而推进创造活动。

思维的独立性，是人们进行创造活动的必要前提，也是脑力劳动的本质特征。凡是有作为的人，都具有极强的独立思考的能力。

要提倡自由思考，鼓励大胆联想，思想越"疯狂"越好，提出的设想越多越好。西方古谚云：世上有5%的人主动思考，5%的人自认为在思考，5%的人被迫进行思考，而其余的人一生都讨厌思考。这在某种程度上揭示了能进行主动、自由的思考并不容易。

当夜阑人静之时，或在独处山林之际，让思想神游八极，这是多么惬意、多么快慰的事啊！能自由地思考，真是无上的幸福。

创造需要心灵的自由。有了心灵的自由，思想的骏马就能在辽阔的原野上驰骋，创造的苍鹰就能翱翔于万里长空。打破常规，不被传统束缚，是思有所得不可缺少的前提。哈姆雷特有句名言："你即使把我放在火柴盒里，我也是无限空间的主宰者。"思考，就会使你拥有无限广阔的天地，得到创造的无限乐趣。

分析能力、综合能力、比较能力、抽象能力与概括能力五种因素，构成了思维的能力结构。五种能力相互联系，形成了思维运动的完整过程。建构合理的思维能力结构是培养思维能力的基本环节。

分析，是在思维中将认识对象分解为各个部分、侧面和属性，并对它们分别加以研究，发现本质的、主要的东西的方法。综合则是把事物的各个部分、侧面和属性的认识统一为整体的认识，从总体上把握事物的本质和规律的思维方法。分析、综合是既对立又统一的关系。所谓比较则是对事物的异同点进行鉴别，揭示不易观察到的差别和变化，追溯事物发展的来龙去脉。抽象是通过分析、综合将事物中偶然的、非本质的东西剔除，而将一般的、本质的、必然的属性，对事物的各种属性、特点和关系分别加以规定的思维方法。概括则是通过分析、综合将事物一般的、本质的、必然的属性联结在一起并推广到同一类事物上的思维过程。

分析、综合、比较是抽象、概括的前提，抽象概括是分析、综合、比较的归宿。

我们要使五种思维形式都能得到全面、协调、均衡的发展，在平时就要从具体事物起步，从细微问题入手，训练这五种思维能力，充分发挥思考在认识和改造世界中的优势。

我们要珍视思维中的任何一点闪光的火花，多跑多看勤思索。无论对什么事物，都要在脑中转一个"为什么"，都力求弄清它的来龙去脉，要在与他人交流撞击中激活思维。这样，久而久之，你的思维能力必会有明显的进步。

促使你的潜能开发的方法

没有人知道自己到底有多大的潜能，因为没有人知道自己会有多么伟大，所以我们应该注意与心灵的交流，努力开发出自己的潜能。

促使潜能开发应用的方法有许许多多，但从成功学的角度而言，主要有四个方面，即"诱、逼、练、学"。

1. "诱"就是引导

寻求更大领域、更高层次的发展，是人生命意识里的根本需求。"这山望着那山高"，"喜新厌旧"是人的根本特性。因此，具有主体自觉意识的自我，有理性的自我，是绝不愿意停留在任何一种狭小的、有限的状态之中的，而是要不断开拓以取得更大的发展（成功），从而更好地生存。这种旺盛的发展需要，是成功渴望的表现，是潜能蓄势待发的前兆。只要对这种发展意识给予有益的暗示、引导、规划和培育，就能把潜能很好地激发起来、释放出来。

2. "逼"就是逼迫

当我们邂逅一位曾经山重水复而后又柳暗花明的友人时，一番欷歔，一阵叹息之后，往往都会问："这些年，真不容易，你是怎么活出来的？""人都是逼出来的。"那位历尽沧桑的老友会这样平淡地回答。

"逼出来的"究竟是什么东西？是人的潜能，是人的创造力，是创新，是发展。"猴子"变成了人，何等神奇，还不是大自然"逼"的吗？

人是一个复杂的矛盾体，既有求发展的需要，又有安于现状、得过且过的惰性。能够卧薪尝胆、自我警醒的人少之又少。更多的人需要的是鞭策，而"逼"就是"最自然"的好办法。人们常说的"压力就是动力"，就是这个意思。因此，被逼不是"无奈"，被逼是福。

被逼，心态就会改变；被逼，就会有明确的目标；被逼，就会分清轻重缓急，抓紧时间；被逼，就会马上行动。不寻求突破、不创新，就休想跨过这道坎，于是潜能在一逼之下因迅速聚集而爆发，如核聚变。

目标达到了，"被逼"的状态解除了，人发展了。

不仅不要怕"逼"，而且还应该主动"逼"。自己跟自己过不去，自己逼自己，使自我经常处在一个积极进取、创新求变的良好的紧张状态，使潜能时常处在激发状态。除了在日常工作学习中要有这样的心态，还要订立较高的目标来"逼"自己，来提升自己。

逼自己，就是战胜自己，必须比自己的过去更新；逼自己，就是超越竞争，必须比别人更新。别人想不到，我要想到；别人不敢想，我敢想；别人不敢做，我来做；别人认为做不到，我一定要做到。潜能的力量是巨大的。

逼自己，一方面要勇于接受挑战，把自己丢进新条件、新情况、新问题中，逼到走投无路，才会想方设法；破釜沉舟，才会背水一战，兵法说"置之死地而后生"。另一方面，要用"自律"来逼，用目标管理、时间管理来逼，用行动结果来逼。以创新之心逼出创新的行为，得到创新的结果。创新是潜能发挥之始，亦是潜能发挥之终。

人的潜能也遵循马太效应，越开发，越使用，就越多越强。

生命力是从压力中体现出来的。生命力就是创新能力，就是创造力，就是人的潜能，也就是竞争力。

3. "练"就是练习

此处特指专家为开发人的潜能而专门设计的测验、训练等，如脑筋急转弯、一分钟推理等，多做有益。另外，还包括潜意识理论与暗示技术、成功原则和光明技术、情商理论与放松入静技术，等等。

4. "学"就是学习

学习是增加潜能基本储量及促使潜能发挥的最佳方法。知识丰富必然联想丰富，而智力水平正是取决于神经元之间信息连接的面和信息量。

奇妙的自我暗示

　　如果你想靠自己的努力取得成功，积极的自我暗示是其中不可缺少的一项。所谓自我暗示，就是对自己提示某种确实而特定的东西。

　　我曾给学员讲过这样一个故事，这个故事很有趣。

　　一位从纽约到芝加哥的人看了一下他的手表，然后告诉他芝加哥的朋友说已经12点了，其实表上的时间要比芝加哥的时间早一个小时。但这位在芝加哥的纽约人没有想到芝加哥和纽约之间的时差，听说已经12点了，就对这纽约客说他已经饿了，他要去吃中饭。

　　故事里的人只是听到12点了，就会觉得肚子饿，其实未必是肚子真的饿，只是以为到了吃饭点，也只是以为肚子饿了。这就是自我暗示带来的心理作用了。

　　大部分人在整容手术后，令人生观大变，比以前更快乐；但有一小部分人，外表明明变美了，但心里仍然是和以前一样不快乐。人的快乐与否，并非由外在因素决定，而是基于他的内心。

　　这个心理暗示的观念，圆满地解释了大部分人整容后变得快乐，因为他们对自己的看法改变了；小部分人整容前不快乐，而整容后仍然不快乐，是因为他们对自己的看法没有改变。自我形象是自己想象出来的"内心形象"。如果你现在的自我形象是负面的，那么你可以改变它，把一个正面的形象想象出来。不要埋怨、不要托词，成功或失败，发达或贫穷，都是决定于你的自我形象——而你的自我形象是你与生俱来的想象力的产品。成功的一个大秘密，就是将失败者的自我形象改变为成功者的自我形象。

　　种种自我暗示皆具有催眠引导的作用，如将美景摄入照相机一样，信心就像冲洗的底片，经过暗房处理，呈现张张精彩的画面。因此，自我提醒的观念应常记在心，时刻意识到自己的不凡。

潜意识中隐含着一股令人难以想象的推动力，具有帮助你完成任务的效果，能使你的感情或情绪丰富明朗化，蛰伏的思想源源涌出。这股伟大的力量虽然存在，但似乎始终处于冬眠的状态中，必须靠着不断的自我提升才能使它醒来。要发挥完全的自我，必须时时将此牢记在心。

在适当的时候，常常向自己输入正面积极的言辞，例如，一早起床就自我提醒1次，叠被时再重复1次，洗脸对镜子作第3、第4次提示，走路、等公共汽车是第5、第6次。每天一有空闲就自我肯定一番，自信自然而然深深在心田里扎根，沉睡的机能也一定会清醒过来，发挥它强大的潜力。许多哲学家曾经说过，人是自己命运的主人，但他们大多数都不曾指出人类能够自主命运的真正理由。事实上，人之所以有主人的地位——尤其是经济主人地位，能够驾驭环境，自主成败，是因为他可以运用潜意识的力量，特别是自我暗示这个工具。

而自我暗示，就是自我形象的创造或改造，你创造自我形象，自我形象创造财富——你把命运掌握在自己手中。

第三章

崇高的目标令人振奋

导　言

　　成败决定于一念之间，不管你相信能办成或不能办成，你都不算错。即使你禀赋优异、才干过人，但认为自己做不到，那么你就等于关闭了可能办得成的思路。在你行动之前，你要先确定自己的目标，然后心灵才会自然地把我们引到朝向目标的方向。若是心灵没有一个明确的目标，精力就会虚耗，犹如一个人虽持有性能最佳的电锯，却不知道自己要在这片森林中做什么事情。有时候能否发挥个人才干，就在于是否拥有明确的目标。古罗马哲学家塞涅卡说过："有人活着没有任何目标，他们在世间行走，就像河中的一棵小草，他们不是行走，而是随波逐流。"可见，目标是成功的一双翅膀，缺乏目标的人是不可能取得成功的，等待他们的只有失败。

　　当一个人为自己定下成功目标之后，该目标就会起导向、激励等作用。目标是成功路上的各个标志。每达到一个标志，就会享受一份成功的喜悦和成就感，并增强信心和动力。对于许多人来说，制订和实现目标，就好像一场比赛。因此，每实现一个目标，就会受到一次鼓舞和鞭策，心态乃至思维和工作方式也会跟着更新。

　　有一点格外重要，即目标是很具体的、可以实现的，并且是可以看得见的、便于自己评价或检查的。如果一个人定的目标不具体，他就无法知道自己前进了多少，中途就可能泄气，甚至甩手不干了。

　　目标可以引导人发挥巨大的潜能。人要发挥潜能，就要全神贯注于自己的优势方向，以获得最快的高回报或高成果。目标最能吸引人集中精力最优化地开发其潜能。当人不停地在其优势方面拼搏时，这些优势就会进一步发展。

　　目标昭示人的使命。每一天，都能遇见牢骚满腹的人，他们对自己的人生和周围的世界不满。其中98%的人，对其心目中喜欢的世界缺乏一幅清晰的图画。他们根本没有改善自己生活的目标，只好活在一个他们无意改变的世界中。

早在40多年前，生活在洛杉矶的15岁少年约翰·戈达德对自己一生中计划要做的事列了一张清单，上面有127个要实现的目标，他将此清单称为"我的生命单"。其中包括读完莎士比亚、柏拉图和亚里士多德的著作，访问世界每一个国家，访问月球等。将自己的梦想列在纸上后，他就一件一件分秒必争地去实现。现在，59岁的戈达德已实现了106个目标。他说："我在少年时开列的生命清单，反映了一个少年人的兴趣。尽管有些事情我或许永远也无法做到，例如，登上珠穆朗玛峰和访问月球。然而，确定的目标往往是这样的：有些事情可能超出你的能力，但那并不意味着你得放弃整个梦想。"现在，他仍然不放弃确定的目标，努力在每一年中实现一个目标，包括参观中国的万里长城和访问月球。

可见，是目标所蕴含的神奇推力使戈达德勇往直前，虽然他已不再年轻，却仍然能够信心十足。

只要你选准了目标，选对了适合自己的道路，并不顾一切地走下去，终能走向成功。确立了目标并坚定地"咬住"目标的人，才是最有力量的人。目标，是一切行动的前提。事业有成，是目标的赠予。确立了有价值的目标，才能较好地分配自己有限的时间和精力，较准确地寻觅突破口，找到聚光的"焦点"，专心致志地向既定方向前进。那些目标如一的人，能抛除一切杂念，聚积起自己的所有力量，全力以赴地向目标高地挺进。

做好任何事，都要有谋划。目标能助人事前谋划，因为要达到目标就要把目标带来的任务分解成若干可行的步骤。

成功人士总是事前决断，而不是靠"亡羊补牢"。他们提前谋划、设计获取成功的方案，而不是等别人指示。

没有目标的人，就像鲸鱼，他们虽然有巨大的潜力，却把精力放在微小事情上，结果落得一败涂地。

只要目标是具体的、看得见摸得着的，人就可以根据自己距离目标的远近程度来衡量已取得的进步及存在的差距。

　　爱因斯坦的目标是创立崭新的物理学体系。当他创立了狭义相对论时，他对自己作了一次自我评估，肯定已有的成果，下一个目标应是创立广义相对论。而要达到这个巨大目标，必须攻下非欧几何这个难关，这又促使他信步前进。

　　可以发现，崇高的目标才是成功人士最重要的。崇高的目标令人振奋，使人焕发出最大的热情，最优地开发一个人的潜能。

想要走出沙漠，你要找到北极星

目标可以吸引我们的注意，引导我们努力的方向，至于最后是成功还是失败，就全看我们是否能始终走在正确的方向上。

一个人如果在生活中没有了目标，就会如同原来的比塞尔居民一样，永远也找不到自己的新天地。

比塞尔是西撒哈拉沙漠中的一颗明珠，每年有数以万计的旅游者聚集到这儿。可是在肯·莱文发现它之前，这里还是一个封闭而落后的地方。这儿的人没有一个走出过大漠，据说不是他们不愿离开这块贫瘠的土地，而是尝试过很多次都没有走出去。

肯·莱文当然不相信这种说法。他用手语向这儿的人问原因，结果每个人的回答都一样：从这儿无论向哪个方向走，最后还是转回到出发的地方。为了证实这种说法，他做了一次试验，从比塞尔村向北走，结果三天半就走了出来。

比塞尔人为什么走不出来呢？肯·莱文非常纳闷，最后雇了一个比塞尔人，让他带路，看看到底是为什么。他们带了半个月的水，牵了两只骆驼，肯·莱文收起指南针等现代设备，只挂一根木棍跟在后面。

10天过去了，他们走了大约800英里的路程，第11天的早晨，他们果然又回到了比塞尔。

这一次肯·莱文终于明白了，比塞尔人之所以走不出大漠，是因为他们根本就不认识北斗星。在一望无际的沙漠里，一个人如果凭着感觉往前走，他会走出许多大小不一的圆圈，最后的足迹十有八九是一把卷尺的形状。比塞尔村处在浩瀚的沙漠中间，没有一点参照物，若不认识北斗星又没有指南针，想走出沙漠，确实是不可能的。

肯·莱文在离开比塞尔时，带了一位叫阿古特尔的青年，就是上次和他合作的人。他告诉这位汉子，只要你白天休息，夜晚朝着北面那颗星所处的方向走，就能走出沙漠。阿古特尔照着去做了，三天之后果然来到了大漠的边缘。阿古特尔因此成为比塞尔的开拓者，他的铜像被竖在比塞尔村中央，铜像的底座上刻着一行字：新生活是从选定方向开始的。

人生中的种种奋斗就像比塞尔人要走出沙漠的努力一样，如果你找不到自己人生的"北斗星"，你就永远不可能成长、进步，就不能充实快乐地走完人生，而只能原地踏步，或者付出许多艰辛和努力之后又回到原点。所以我们必须为自己设立一个明确的目标，这目标是成功的基石。有了目标，才能谈到规划，否则规划就成了无源之水、无本之木。设立目标是进行人生规划的第一步。

人的一生如此短促，而想要获得较大成就，一定要投入很大的精力及很长的时间。以一天为例，只要集中精力有效利用这一天，日后会有这一天努力的成果。所以我们必须用心对人生进行规划。这就要求我们了解制订计划、达到目标的过程中自己所必须具备的素质、能力、条件等，找出限制目标实现的阻碍，如性格上的缺陷、做事缺乏头脑，等等。这些都是阻止你前进步伐的绊脚石，你必须先看清楚，正视它们，才能达到使梦想与现实完美统一的层次。

拥有一份规划还需要将我们想做和我们能做的与现实相统一。这是因为，只有将我们实现愿望的多种情况都考虑在计划之内，我们的愿望才能得以实现。

简而言之，我们所有的愿望的极限是我们自己。我们应该了解：我们今天是什么，我们今天能做什么，不是别人是什么或者别人能做什么，或者我们自己期盼着明天是什么。要想获得幸福，我们必须动用我们所拥有的一切。大多数人都心存不满，其原因只有一个：他们至今都不懂，如何从自己的生活现实出发，去做得更好。

当今时代的一个典型特征，就是人们认为他们不应错过生命所赋予他们的一切。那种抑制不住的贪婪欲望促使他们想知道一切，拥有一切，结果使得自己的一生就像是在进行百米赛跑。

他们想拥有别人所拥有的一切，想立即拥有并尽可能多地拥有。

当然他们还想拥有永远的安全，而在这种安全第二天就消失时，他们会感到极度的失望。

为什么会这样呢？

答案既简单又明了：他们制订了一个目标、一个理想、一份规划，但他们没有同时决定为了达到这一目标自己应首先放弃什么。

所以，对人生进行规划，用以消除所有影响，去做有利于我们的幸福、成功和自我实现的唯一正确的事情。这意味着：一方面我们必须做出决定，什么有利于实现我们的规划，并要毫不犹豫地去实施这份规划；另一方面我们必须决定，尽管有些东西目前看起来十分诱人，却不利于规划的实现，所以必须放弃它们。

点燃心中的长明灯

茫茫宇宙，漫漫人生。为什么有的人能长期奋斗，给自己创造成就，给人类带来光明，成为成功卓越乃至伟大者，而有的人却庸庸碌碌、无所作为，人生像燃着的湿绳，烟雾弥漫，却没有亮光，成为失败悲观渺小者？

这之间的区别在于：前者心中有一盏人生大目标的长明灯，后者心中却是一片蒙昧或灰暗。

有的人原来也有心中的明灯，但在岁月的风雨中不小心给熄灭了。不要紧，打开你的心窗，重新点亮你心中的明灯。

为什么要点亮心中的明灯？

心中没有明灯的人，容易把这个世界看成是一个灰暗的世界，从而误入失败悲观的歧途。

本来，这个世界就是由白天和黑夜交织而成的。人类在不断进步。由于人类的努力，自然的黑夜也被各种火把、电灯照亮。但是人类现实的千古难题是，黑暗总是不能彻底消除。自然的黑夜和人类自身弱点造成的黑暗面并没有随着人类的进步而消失。人与这些黑暗面作斗争将是长期的。在这个过程中，如果我们没有心中的明灯，我们就可能熬不过一些黑暗，或者在黑暗中迷失。

另外，世界在不断地变化。人生漫长几十年，谁也不能准确预料将来世界究竟会变成什么样子，我们周围生活的环境，我们的身家性命将会如何演变。这些不测的因素很多，我们谁也不能完全把握这个世界和我们的人生。尤其是青年人，缺乏人生阅历，更不知如何去预料和把握未来的世界和人生。如果我们没有人生大目标这盏明灯，我们就可能在变化的世界里迷失，不知不觉走向失败的人生。

然而，如果我们心中有一盏明灯，有了人生的大目标，那么，我们就有强有力的精神支柱，我们的人生就会变得有意义，我们就不怕漫漫长夜，不怕世界的变化、社会的变迁。

没有目标，多么强大动力的车都不能载你驶向成功，因为你会彷徨、踌躇。错误的目标，就是导致南辕北辙悲剧的隐患。

凡成功者，必有坚定而明确的目标。随后，他们以身为箭，以心为弦，将自己射向成功的目标。此所谓有价值的生命者，此所谓成功之人士。凡是有着强有力的中心意志，一定是个积极的、有建设与创造本领的人。每个人都会向往一件事、希冀一件事，但真能做事、成事的，只有那些怀着中心意志和终极目标的人。

你是以怎样的态度来应付困难的？面对困境，你是疑虑、畏葸、厌恶、犹豫的吗？你是害怕困难的吗？你是怀着"试着看"的狐疑态度的呢，还是抱着无畏的气概、坚毅的决心的？

怀着披荆斩棘、破釜沉舟，不惜任何代价、任何牺牲，都要达到终极目标，从这中间，是可以生出一股无畏力量来的。

有着坚强的中心意志和终极目标的人，在社会中一定能够占得重要的位置，而为他人所敬仰。他的言语行动，表现出有定力、有作为、有主见、有生命之目标，而又必求达到其目标。他朝着目标前进，有如急矢之趋射向红心。在这样的一种意志之下，一切的阻隔都会消融逝去了。

全力以赴，必能有所收获

当你订立了所要追求的目标，同时也给这些目标找到了必须实现的充分理由后，事实上要达到目标的整个行动就开始展开，你的资源锁定系统就会按照你的目标，主动地找寻能使目标实现的各种资源。要确保所订立的目标能带给你快乐，也就是说你一天至少得两次审视这些目标，充分体验当它们达成时的快乐。

不过订立目标或许还不算太难，可是要能贯彻到底就不是一件容易的事情了。目标能否实现，在很大程度上取决于你是否具有专注的精神。而能否把精力集中到一个目标上，对成功来说也是极为重要的。

一旦有了自己的目标，就集中精力去完成，一直到实现为止，不要分心，不要沉湎于过去。精力集中的人，才可能把握机会，才可能为自己创造机会，从而最终走向成功。不要让外界的事物影响你的注意力。在实现目标之前，要能够心无旁骛，紧紧盯住自己的目标，下定决心，持之以恒，直到最终完成，中间绝不放弃。

没有专注精神的人，要想实现目标是相当困难的。钢铁大王卡耐基给我们提出了这样的忠告："把你所有的蛋放在一个篮子里，然后看住这个篮子，不要让任何一个蛋掉出来。"

卡耐基是一位很有见地的经济学家，他知道，大多数人如果能专注于一项工作，并集中精力于这项工作，就能够把这项工作做得很好。

做事有"明确的主要目标"的习惯，将会帮助你培养出能够迅速做出决定的习惯，而这种习惯对你所有的工作都有很大帮助。

配合一项明确的主要目标做事的习惯，将帮助你把全部的注意力集中在一项工作上，直到你完成了这项工作为止。

最成功的商人都是能够迅速而果断做出决定的人，他们在工作时，总是先以重大的特殊目的，作为他们的主要目标。

下面就是一些著名人物的例子，很能说明专注精神对实现目标的重要性。

爱迪生专注于调和自然法则的工作，并努力贡献出比其他人更多、更有用的发明，最终成为"发明大王"。

威尔逊专心于问鼎白宫长达25年之久，最后终于成为白宫的主人，这应得益于他深深懂得坚持一项"明确的主要目标"的价值。

林肯致力于解放黑奴，并因此成为美国最伟大的总统之一。

莱特兄弟专心于发明飞机，结果征服了天空。

洛克菲勒专心于石油事业，使他成为他那一时代最有钱的商人。

福特专心于生产廉价小汽车，结果使他自己成为有史以来最富有及最有权势的人物。

卡耐基专注于钢铁事业，积聚了庞大的财富，他的名字被刻在美国各地的公共图书馆里。

吉利致力于生产安全刮胡刀片，使全世界的男人都能把脸刮得"干干净净"，也使自己成为一名百万富翁。

伊斯特曼致力于生产柯达照相机，为他赚得巨大财富的同时，也为全球人类带来无比的乐趣。

海伦·凯勒专注于学习说话，因此，尽管她聋、哑、盲，但她最后还是实现了她的"明确的主要目标"，成为著名的残疾作家。

可以看出，所有成功的人物都有明确而清晰的目标，并且他们都为实现自己心中的远大目标而专心致志，也正是因为他们具有这种专注于目标的精神，所以他们才取得了巨大的成功。

运用你的知识、智慧，制订一个可行的行动方案，把握自己的思想，最终，你就会培养出把全部身心投入目标的能力。只要你能够专注于你的目标，你的目标终将实现。

第四章
大脑的力量

导 言

司徒尔特·米尔曾说过："一个有信念的人，所发出来的力量，不下于99位仅仅心存兴趣的人。"这也就是为什么信念能启开卓越之门的缘故。信念是一种指导原则，让我们明白了人生的意义和方向，信念是人人可以支取，且取之不尽的；信念像一张安置好的滤网，过滤我们所看到的世界，信念也像脑子的指挥中枢，指挥我们的脑子，照着所相信的，去看事情的变化。信念也像指南针和地图，指引出我们要去的目标，并确信目标必能达到。大脑是人类最特殊、最值得骄傲的器官，也是人类潜能的源泉和储蓄所。认识大脑有助于发掘人类的潜能。

人的大脑与电子计算机有很大的可比性。和计算机一样，人脑在它有活力的时候，能够吸收、储存和控制大量的信息，区别在于，人脑的功能比现在世界上最先进的电子计算机要强大得多。在人的大脑中，积聚着约150亿个神经细胞，它们彼此错综复杂地联系在一起。如果用数字来直观地表达两者的功能比的话，可以说大脑具有的潜在能力，相当于10万台大型电子计算机。

人的大脑具有巨大的储存量，可以在每秒钟接受十来个信息。一个信息单位叫作一比特，大约相当于一个单词的容量。根据最保守的估计，人脑的容量有一百万亿个比特。它足以装下全世界所有图书馆的藏书内容。何况人类还有潜意识，有许多难以用语言表达的微妙感觉和印象。实际上，一个普通人能够表达出的信息量，只是巨大的冰山露出海面的部分，而被海水覆盖的部分才是冰山的主体。

与电脑相比，人脑的优越性还在于它的随机应变能力。比如，现在电脑软件专家正在努力突破的手写体识别和语音输入技术，就表明了电脑和人脑的巨大差距。每个人用手写的字和印刷的字都不可能完全一样，说话的发音也不可能像播音员一样标准，但这并不妨碍人们相互用语言和文字交流；而电脑要准确地做到这一点（进行模糊思维），在目前还有许多困难。可以预见，即使科学高度发展，人脑在灵活性方面的能力也是电脑无法比拟的。

人脑还有一个很重要的特征，就是越用越灵活。对大脑潜能的不断开发，有助于大脑功能的发展。

人类的脑包括大脑、小脑和连接它们的间脑、中脑和延髓这几部分。大脑还特别区分出旧皮质和新皮质。人类所特有的、其他动物身上没有的高度智慧，是靠大脑表面非常发达的新皮质控制的。人的智力之所以越来越发达，正是长期实践、不断用脑思索的结果。

机器用久了会有磨损，而人脑越用越灵活。比如学外语，一旦掌握了一两门外语，再学第三门、第四门就容易多了。

头脑的好坏，绝非是天生的，主要看你后天如何利用它。有成就的科学家、文学家无一例外的都是长期善于用脑思索的。他们的成功都离不开对大脑的不断使用。

我们要开发潜能，利用更多的脑细胞，最简单、有效的方法就是经常把新的知识和信息通过脑细胞去刺激大脑。例如，读书、看报或注意听别人的谈话，对发生在身边的事勤于思索，多问"为什么"，养成这样的习惯，对保持灵活的头脑大有裨益。

俗话说"生命在于运动"，而脑的运动更为重要。研究表明，每个人长到10岁左右后，每10年大约有10%控制高级思维的神经细胞萎缩、死亡。信息的传递速度也随年龄的增长而逐渐减慢。但这并不会影响大脑功能，如果坚持用脑和注意脑营养的补充，每天又有新的细胞产生，而且新生的细胞比死亡的细胞还要多。

大脑可以说是上天赐给人类最神奇的礼物了，它所具备的潜能也是无比丰富的。如果你能多留意自己所拥有的这个超常机器，就能开创出自己所希望的未来。

大脑一直都在等待我们下令，期望协助我们去作出伟大的事来，而它所需要的营养并不多，只要血液能供应充足的氧及葡萄糖就够了。人脑的构造极其精密，所具备的能力也极其惊人。一个人的脑神经系统约含有 280 亿个神经元，它的作用主要是处理电流脉冲，若我们的大脑少了这些神经元，感觉器官所接收的一切资料就无法送达中枢神经，而中枢神经也无法把指令传递给各个器官做应有的反应。这些神经元都很小，但是自成一个系统，可以同时处理 100 万个指令。

每个神经元都可独立作业，也可与其他神经元构成一个庞大而完整的网络。大脑可以同时处理好几件事，尤其惊人的是，一个神经元可在 1/50000 秒内，把信息传给其他成千上万的神经元，这个速度还不到你眨眼的 1/10 秒。一个神经元传递信息的距离可比电脑远上百万倍，并且大脑还可在 1 秒之内很清楚地辨识，这就是大脑为什么可以同时处理好几个问题的原因。

我们随时都可使用这个地球上最超级的"电脑"，但遗憾的是，从来没人提供给我们这部"电脑"的使用手册，因而绝大多数的人不知道自己大脑的性能。如果我们不能真正认识大脑，认识自我的潜能，那么就很难取得成功。

 **你只用了两匹马**

多年以前，在俄克拉荷马州的一片私人土地上发现了石油，这片土地属于一个年老的印第安人。这位印第安人一辈子穷困潦倒，石油的发现使他一夜之间成为百万富翁。发财以后他做的第一件事就是给自己买了一辆豪华的凯迪拉克轿车。当时的轿车在车后配有两个备用轮胎。可是这位印第安人想使它成为乡里之间最长的车子，于是又给它加上了4个备用轮胎。他买了一顶林肯式的长筒帽，配上飘带和蝴蝶结，还叼上一支又粗又长的黑雪茄烟，就这样把自己全副武装起来了。每天他都要驾车到附近那个熙熙攘攘，又脏又乱的小镇上去。他想去见每一个人，也想让人人都看看他。他是一位友好的老伙计，驾车通过镇上时他得不停地左顾右盼与碰到的熟人寒暄。

有趣的是，他的车从来没有撞伤过一个人，他本人也从未有过身体受伤或财产受损的事。原因很简单：在他那辆气派非凡的汽车前面，有两匹马拉着汽车。他的机械师说汽车的发动机完全正常，只是老印第安人从没学会用钥匙插进去启动点火。

在汽车里面的发动机功率强劲，可老印第安人就要用汽车外面那两匹马。许多人都犯了这样的错误，他们只看到外面的两匹马的力量，看不到里面的发动机的力量。

心理学家告诉你，你所使用的能力只有你所具备的能力的2%~5%。罗·西弗林说过："1分钱和20块钱如果都被扔在海底，它们的价值就毫无区别。"只有当你把它们捞起来按惯有的方式花掉的时候，才会有区别。只有当你发掘自我，利用你的巨大潜能时，你的价值才成为真实的和可见的。

美国经济管理大师彼德·杜拉克指出：一个人最大的悲剧莫过于在临死之前发现他的宅地下有一座油井或金矿。一个人如果永远没有发现蕴藏在他体内的无穷无尽的财富，那才是最大的不幸。

你要更充分地利用你的潜能，发现和开采藏在你体内的"金矿"和"油田"。你的"自然资源"不同于地球的自然资源，只有当你漠然置之、原封不动时，它们才被浪费和"耗尽"。你的才能的存在是毋庸置疑的，你要开发利用它。有很多因素压抑着你的潜能，令潜能的宝藏沉睡地下。

费尔德看见自己的儿子马歇尔在戴维斯的店里招待顾客，就问戴维斯："戴维斯，近来马歇尔生意学得怎样?"

戴维斯一边从桶里拣出一个苹果递给费尔德，一边答道："约翰，我们是多年的老朋友，不想让你日后懊悔，而我又是一个直爽的人，喜欢讲老实话——马歇尔肯定是个稳健的好孩子，这不用说，一看就知道。但是，即便在我的店里学上 1000 年，他也不会成为一个出色的商人。他生来就不是个做商人的料。约翰，还是把他领回乡下去，教他学养牛吧!"

如果马歇尔依旧留在这个地方，在戴维斯的店里做个伙计，那么他日后绝不会成为举世闻名的商人。可是他随后到了芝加哥，亲眼看见在他周围许多原来很贫穷的孩子作出了惊人的事业，他的激情突然被唤起，他的心中生出一个要做大商人的决心。他问自己："如果别人能做出惊人的事业来，为什么我不能呢?"其实，他具有大商人的天赋，但戴维斯店铺里的环境不足以激发他潜伏着的才能，无法发挥他贮藏着的能量。

一般来说，一个人的才能来源于他的天赋，而天赋又不大容易改变。但实际上，大多数人的志气和才能都潜伏着，必须要外界的东西予以激发，志气一旦被激发，如果又能加以继续关注和教育，就能发扬光大，否则终将萎缩而消失。

因此，如果人们的天赋与才能不被激发，不能保持，不能得以发扬光大，那么，其固有的潜能就要变得迟钝并失去它的力量。

埋一颗自信的种子

　　世界上的事物，总是有果有因，而因有时候就掌握在你自己的手中。有时候前者是果，后者是因。若后者发生了变化，前者必定会随之而变。有了这层认识，你便可以帮助身边那些自以为已经身陷绝境的人重新站起来走向成功，更重要的是，你也可以随时帮助自己从恐惧或者绝望中走出来。那就是告诉自己"我可以成功"。

　　这就是自信。自信是人最重要的心态之一。自信与自尊相互依存，相互影响。自信能培养较强的自尊，同时又有利于维持较理想的人际关系。反过来，自尊的人必定自信，具有良好人际关系的人也必定自信。

　　自信的人对自己的智力和能力深信不疑，对自己性格内涵的正确性与合理性深信不疑，对自己正在实施的行为的正确性深信不疑，对自己所从事的事业的正确性深信不疑。可见，自信是一个人对自身的一切以及自己所从事的活动与事业的正确性深信不疑的性格特征。正因为他们深信自身的一切及从事活动的正确性，他们就敢于真诚地表述自己的思想与情感，就能按自己的意愿采取行动，而不会故意掩饰自己的思想与情感，不会违心地顺从别人。

　　尽管自信心来源于对自身的一切及对自己所从事的活动与事业的正确性深信不疑的性格特征，但这并不是说自信心是认识的产物，也并不是说一个人只要对自身的一切和事业的正确性有了深刻的认识，就会自动具有自信的性格。与乐观等其他核心特质一样，自信心是个人性格的核心特质，其形成和发展基于一个人过去的生活体验和生活经历。过去生活中的成功经验与自我胜任感越多、越深厚，自信就越强。尤其是在面对艰难的困境，经历数次挫折后，却能化险为夷，获得成功的生活体验，最能让人充满自信。

　　自信是一种乐观地对待生活的态度，它较少受认识的影响。自信方面的障碍并不是认识障碍，而是与以往的经历和体验密切相关的情绪障碍。缺乏自信心的人，有时尽管在意识上充分地认识到自己完全有能力胜任某一件事，但还是没有信心去干。

　　古往今来，有很多人凭借自信，创建了丰功伟绩，千古传颂。

　　音乐家瓦格纳对自己的作品有信心，终于征服了世人。达尔文为研究物种的起源在一个英国小花园中工作 20 年，有时成功，有时失败，但他锲而不舍，因为他自信已经找到线索，终于取得了划时代的科研成就。

　　19 世纪的英国诗人济慈，幼时父母双亡，一生贫困，备受文艺批评家抨击，恋爱失败，身染痨病，26 岁即去世。济慈一生虽然穷困潦倒，却从来没有向困难屈服过。他在少年时代读到斯宾塞的《仙后》之后，就肯定自己也注定要成为诗人。一次他说："我想，我死后可以跻身于英国诗人之列。"济慈一生致力这个最大的目标，并最终成为一位永垂不朽的诗人。

　　相信自己能够成功，成功的可能性就会大为增加。如果自己心里认定会失败，就很难获得成功。没有自信，没有目标，你就会俯仰由人，终将默默无闻。

　　要树立自信心，首先必须培养并相信自己的能力。世界拳击冠军乔·弗列勒每战必胜的秘诀是：参加比赛的前一天，总要在天花板上贴上自己的座右铭——"胜利必将属于我！"

　　众所周知，电话是贝尔发明的，可是，很少有人知道，在贝尔之前，就有人发明了电话，但他没有努力去宣传和推广自己的成果，最终毫无建树；贝尔发明了电话后，起初也不被理睬，但是他信心十足，不断利用各种机会广泛宣传，终于把电话推广开来。其他如诺贝尔、道尔顿、普朗克、贝多芬、陈景润等，都是靠自信获得成功的典范。

　　用过电脑的人，尤其是早期使用 DOS 操作系统和 WPS 的人大都熟悉求伯君这个名字。1986 年年底，受美国人开发的"文字之星"（WS）的启发，刚刚加盟四通公司的求伯君，决心开发适合中国国情的 WPS。但出于多种考虑，四通公司没有支持他的这项计划。怀着必胜的信心，求伯君没有放弃，他仍然在努力争取机会。

机会终于来了。有一次，他被来四通谈生意的香港金山电脑公司总裁张旋龙看中。在金山公司的大力支持下，经过求伯君的不懈努力，WPS 1.0 终于在 1989 年上半年推出，这套软件很快就占领了市场。

1994 年，美国微软公司根据汉语的编辑特点，开发出了中文 Word，以其灵活的界面、强大的图文功能和简便、易用等优点迅速占领中国市场，这一打击对 WPS 来说，几乎是毁灭性的。

1995 年，微软公司欲以年薪 70 万美元的高薪招聘求伯君，但他不为所动，自信能够摆脱困境，再度崛起。求伯君毅然决定卖掉别墅，力斗微软。随后，求伯君成功地推出了 WPS 2000，迫使 Word 软件大幅度降价。目前，WPS 2000 已经形成了系列的办公软件，成为微软在中国市场的最强有力的竞争对手之一。

没有求伯君的自信，何来 WPS 的如此辉煌？虽然求伯君以后的奋斗历程还很漫长和艰苦，但我们从他的身上，看到了他超人的自信。

相信自己，让自信的种子在你的头脑中生根发芽，强化它在你意识中的印象，时间久了你的各方面的能力就会逐渐提高，最终它会成为现实。

甲虫撼动大树

世上越是珍贵之物，则费时越长，费力越大，得之越难。即便是燕子垒巢，工蜂筑窝也都非一朝一夕的工夫，人们又怎能企望轻而易举便获得成功呢？天上没有掉下来的馅饼，大量的事实告诉我们：点石成金须有坚强的信念。

在美国科罗拉多州长山的山坡上，躺着一棵大树的残躯。自然学家告诉我们，它有过 400 多年的历史。在它漫长的生命里，曾被闪电击中过 14 次，无数次暴风骤雨侵袭过它，都未能让它倒下。但在最后，一小队甲虫的攻击使它永远也站不起来了。那些甲虫从根部向里咬，渐渐伤了树的元气。虽然它们很小，却是持续不断地进攻。这样一棵森林中的巨树，闪电不曾将它击倒，狂风暴雨不曾将它动摇，却因一小队用大拇指和食指就能捏死的小甲虫凭借锲而不舍的韧劲而倒了下来。

从这个故事中，我们发现了一个人生的哲理，这就是只要有强大的信念，以微弱之躯撼大摧坚也平常。

生活中，我们都可能会面对"撼大摧坚"的艰巨任务：运动员要向世界纪录挑战，科学家要解开大自然的奥秘，企业家要跻身世界强者的行列，就是普通人也会有一些困难的工作要去做。

莎士比亚说："斧头虽小，但多次砍劈，终能将一棵坚硬的大树伐倒。"还有一位作家说过："在任何力量与耐心的比赛中，把宝押在耐心上。"小甲虫的取胜之道，就在恒心上。一位青年问著名的小提琴家格拉迪尼："你用了多长时间学琴？"格拉迪尼回答："20 年，每天 12 小时。"

俗话说得好："坚持不懈的乌龟快过灵巧敏捷的野兔。"如果能每天学习一小时，并坚持 12 年，所学到的东西，一定远比坐在学校里接受四年高等教育所学到的多。正如布尔沃所说："恒心与忍耐力是征服者的灵魂，它是人类反抗命运、个人反抗世界、灵魂反抗物质的最有力支持。从社会的角度看，考虑到它对种族问题和社会制度的影响，其重要性无论怎样强调也不为过。"

人类迄今为止，还不曾有一项重大的成就不是凭借坚持不懈的精神而实现的。提香的一幅名画曾经在他的画架上搁了 8 年，另一幅也摆放了 7 年。

发明家爱迪生说："我从来不做投机取巧的事情。我的发明除了照相术，也没有一项是由于幸运之神的光顾。一旦我下定决心，知道我应该往哪个方向努力，我就会勇往直前，一遍一遍地试验，直到产生最终的结果。"

凡事不能持之以恒，正是很多人最终失败的根源。英国诗人布朗宁写道：

实事求是的人要找一件小事做，找到事情就去做。

空腹高心的人要找一件大事做，没有找到则身已故。

实事求是的人做了一件又一件，不久就做一百件。

空腹高心的人一下要做百万件，结果一件也未实现。

要成功，就要强迫自己一件一件地做，并从最困难的事做起。有一个美国作家在编辑《西方名作》一书时，应约要撰写 102 篇文章。这项工作花了他两年半的时间。加上其他一些工作，他每周都要干整整 7 天。他没有从最容易阐述的文章入手，而是给自己定下一个规矩：严格地按照字母顺序进行，绝不允许跳过任何一个自感费解的观点。另外，他始终坚持每天都首先完成困难较大的工作，再干其他的事。事实证明，这样做是行之有效的。

凡事只有不甘寂寞、脚踏实地去做，才能把理想落实为行动，把自己想象为一叶孤舟，看不到岸，只有一片汪洋。成功的果实是辛勤的汗水浇灌在寂寞的根上长成的。果实就意味着付出，意味着要吃苦。正如一句名言所说："天下没有免费的午餐"，机会只留给有准备的人。

自强，不断地进取，养成坚定执着的个性，并用辛勤的汗水浇灌成功之花。做任何事情，只要有强大信念，坚持不懈地奋斗就能成就大事。

那些杀不死我的，使我强大

困难可以诱发人们生命中的坚韧潜力，危险可以开启生命中的勇敢潜力，这两者都能引发出生命的光芒。而困难越多、危险越大，发出的生命光芒也越大。

遇到挫折时，不同的人会有不同的表现。有人把西瓜大的困难看成芝麻般微小，有人把芝麻般小的挫折看成西瓜样巨大，这就是意志强弱的人对待挫折的不同态度。其实，挫折如弹簧，你硬它就软，你软它就硬。意志顽强的人面对沉重的压力、巨大的挫折，会坦然处之，笑傲人世；意志薄弱的人面对微弱的压力、稍不如意的境遇，便会垂头丧气，一蹶不振。因此要催开成功之花，我们必须培养和磨炼顽强的意志。虽有人说看花容易绣花难，若用意志绣花可能花会更美。

伟大与挫折常一同而来，所受的挫折越大，他的成就也就越大，成功率也就越高。所以说挫折是伟大的主人。

挫折，是磨炼人格、意志的最高学府；自然在给人们一分挫折时，也添给人们一分智力。所以，当人们遇到困难，就要恬淡、冷静地对待它，这样就能心安、镇静。

遇到困难，就勇敢地克服它，这样才能越战越勇。古代的哲人说："生于忧患，死于安乐。"又说："多难兴邦。"克服困难与冲破危险，可以说是人的第一美德。伟大的成功来自于困难，没有经受困难的人生，自然会落于渺小而又平庸。

你如果不能忍受奋斗的困苦，那么在你一生之中，充其量不过是在"人的动物圈"中享受着对他人的顶礼膜拜、打躬作揖。这样，何处去寻找你的安逸与快乐、幸福与和平呢？人生的舞台上，不管你所担任的是什么角色，你能不能成功，纯粹要看你的表演技能如何了。坚持，奋斗下去，你成功的希望就会越大。

对于自暴自弃的自杀心理，我们谨慎地防范它。我们知道，在古今中外的历史上，所有特殊的伟大人物，都是从艰难困苦中甚至危险中奋斗过来的。拿破仑、华盛顿、甘地等人，无不经历千难万险。

中国的抗日战争经过八年的浴血奋战才取得成功。一个伟大的人物与一件伟大的事业，都要经受几次磨难、屈辱与失败。以必死的心情，在危难中奋斗，冲破艰辛危险的难关，忍耐劳苦，出生入死，不畏惧任何肉体上的痛苦与精神上的摧残，以最大的毅力、最大的魄力、最刚的胆力，勇往直前，不达目的誓不罢休。你也要这样，想要成功必须正确面对困难，克服困难方能建立起自己的事业。

既然挫折是难免的，那么我们究竟该怎样做，才能战胜挫折呢？

第一，要坚定目标，不轻言放弃。

每个人都有自己的奋斗目标，只要这个目标是现实的，那么即使暂时遭遇了挫折，也应找出排除障碍的办法，毫不动摇地朝既定的目标迈进，最终实现自己的愿望，达到预定的目标。许多科学家的发现和发明就是他们经历多次挫折后，仍坚持不懈而最终得以成功的。

马克思在写《资本论》期间，面对各种诬蔑、攻击和迫害，饱尝长期流亡和贫困生活的痛苦，经受种种疾病的折磨，就像他所说的"我一直徘徊在坟墓的边缘"，但他始终没有丝毫的动摇，凭着"必须把我能够工作的每一分钟用来完成我为之牺牲了健康、人生幸福和家庭的著作"的这种精神，马克思最终战胜了挫折，取得了成功。

认准目标，勇往直前，是一切成功者的经验。人生路上，难免有坎坷，难免遍布荆棘，是知难而退，还是迎难而上？这道题的不同答案也就决出了强者和懦夫。

第二，降低目标，改变行为。

当一种动机经反复尝试仍不能成功，达不到预定目标时，就应该果敢地调整目标，变换方式，通过别的方法和途径实现目标，或者把原来制订得太高而不切实际的目标往下调整，改变行为方向，只有这样才有可能成功。目标的重新审定和转移，不是惧怕挫折，而是实事求是地表现；同时，也降低和避免了由于目标不当难以达成而可能产生的挫折和焦虑情绪。

在生活中，有很多人宁可在一棵树上吊死，也不肯降低目标。虽然他们目标坚定，但只能称作"盲目追求"。

第三，改换目标，取而代之。

当个体确定的目标由于自身条件或社会因素的限制，不能实现并受到挫折时，可以用另一目标来代替，改变目标，以此实现自己的目标；或通过另一种活动来弥补心理的创伤，驱散由于挫折而造成的忧愁和痛苦，增强前进的信心和勇气。

有些人对待问题，脱离了实际，从不顾及客观情况，只是单一地以不变应万变，那也只能是作茧自缚，从而不可避免会遇到挫折。

有些人在突然的、意外的重大挫折面前，由于原定的追求目标已不可能实现，为了用其他行动来转移、代替心理上的痛苦，就会转而追求别的目标或是进行另外的活动。这也可以获得新的成功，得到心理上的补偿。

如果你能在日常生活中真正运用这三种方法来面对挫折，那么你就能很轻松地战胜它了。每一次把挫折打倒在地的时候，你都会发现自己比过去更强大。

让温水变成沸水

要想使水变成蒸汽，在一个标准大气压的条件下，必须把水烧到100 摄氏度的温度。水只有在沸腾后，才能变成蒸汽，产生推动力，才能开动火车。"温热"的水是不能推动任何东西的。

可是在现实生活中，许多人却想用温热的水或半沸的水，去推动他们生命的火车，他们不反省自己为什么不能成功，却埋怨自己在事业上为什么总是默默不闻、不能出人头地。

他们不知道一个人对待生命的温热态度，对于他自己的事业或工作所产生的影响，与温热的水对于火车所产生的影响相同。

一个伟大而有价值的生命，它一定是怀着可以主宰、统治、调遣其他一切意志念头的中心意志。没有这种中心意志，人的"能量之水"是不会达到沸点的，生命的火车同样也是不能向前跃进的。

尽管我们每个人都想成功，但真能成功的，只有那些怀着中心意志或意志坚强的人。只有那些积极的、有建设与创造本领的人，才能产生强有力的中心意志。

只要你怀着一种披荆斩棘、破釜沉舟、不惜任何代价、无论作出多大牺牲都要达到目标的坚强意志，你就会从中产生巨大的能量。

有一位参加研讨会的女士，在课堂上公开传授了她所发明的保证有效的减肥方法。她说她的一位好友和她一起商量过很多次减肥的事情，每次在一起都会发誓要立即减肥，可是都因为贪吃而违反诺言，最后她二人下定决心，如果不想让自己食言，就必须要给自己找点惩罚措施，有了惩罚措施才能帮助她们渡过难关，而这个惩罚措施要比她们所能想到的更狠才行。

她们二人立下约定以后，同时邀请其他的亲戚朋友见证，日后若是谁违反了诺言，就必须吃下一整罐的"狗食"。此后，为了提醒自己不要贪吃，她二人居然随时都带着一个空的狗食罐头作为警惕自己之用。这位女士告诉我每当她觉得饿而想大吃一顿时，便马上拿起罐头看看上面的标签，当看到狗食上那个狗的图标时，她的食欲可以说完全消失，因而很容易便遵守住了自己的诺言，最后达成了减肥目标。

有坚强意志的人，他一定能在社会上找到其重要的地位，为他人所敬仰。他的言语行动都表现出他是一个有主见、有作为、有目标的人。他朝着目标前进，犹如箭头射向靶心。拥有这样坚强的意志，一切的阻碍都将不存在。

要做大事必先集中精神。而这种精神的集中，只有在你怀着一个中心意志或崇高的生命目标时才能办到。我们对于那些不感兴趣、缺乏热情的事情是不会集中精神的，因而也就无法完全释放自己的生命能量。

有些青年人很想在事业上发奋前进，但是由于一些微不足道的缘故，他们往往会在一夜之间抛弃事业，他们常常怀疑他们现在所从事的事业是否能够完全发挥自己的潜能。他们一遇挫折就灰心丧气，一听到别人在事业上取得了成功，他们就很羡慕，也想在那方面去试一试。

假如一个青年对于他所从事的事业如此游移不定，那么我们可以断定，他一定还没有怀着一个中心意志，没有让生命能量达到"沸点"的决心。

当你看到一个青年人，毅然决然地去进行他的计划，而丝毫不存"假使""或者""然而""并且"等模棱两可而不肯定的念头时，你就可以大胆地断定，他是个勇敢者，他会成功的。认清目标、坚定意志，可以使人从中产生一种成功的力量来，可以使人燃烧整个的生命，让生命能量达到最高的"沸点"。

提高自我价值

当我们说到什么东西有价值，那表示它对我们有某种程度的重要性，当你喜欢某样东西，那就表示它在你的心中具有一定分量。有时候人和这些物质有相同之处，也有自己的价值。你的价值越高，你对别人也越重要。你对别人越重要，你所能获得的也就越多。要做到这些，你就需要提高你的自我价值。

什么是自我价值？自我价值就是对自我的肯定，对自我的接纳程度和喜欢程度。

为什么要提高自我价值？有的人胆小、懦弱，害怕被拒绝，缺乏自信和勇气，其中一个主要原因就是自我价值低。

提高自我价值，其核心就是喜欢自己。一个连自己都不喜欢的人，绝不可能喜欢别人，责任、爱心都是空话。

提高自我价值，增强自信，其实就是心态问题。因此，最有效的方法是心理暗示。

人们的意识会产生一种"心理导向效应"，即人的内心都会有一种强烈的接受外界暗示，通过语言、形象的传播媒介树立形象的欲望。

心理学家做过一个实验，把两组完全相同的人像，一组人像下写上"凶恶""残暴""阴险""狠毒"等消极的词语，另一组的下面则写上"正直""勇敢""坚强""无私"等积极的词语。然后请两组测试者分别对两组人像作职业估计。结果前一组人像的职业估计大多是罪犯歹徒等，后一组的职业估计则多是军人、警察等。

因此，我们用"语言"、用"图像"在我们的心上写什么，我们就将是什么。暗示不可抗拒，就因为它"暗"，潜移默化。

我们常说"言必行"，意思是说话要算数，说过就要做。其实这句话还道出了更深一层意思，就是语言有着非常明显的暗示和自我暗示作用。只要"说"出来了，就一定会对行为产生影响。

因为"说"，也是一种心理强化。无论是说积极的话或是消极的话（特别是经常说），要想全部抹杀掉它的结果，是不可能的。我们都有这样的经验，当痛苦万分，无法排遣的时候，对人倾诉，痛苦就会减轻许多。比如基督教等宗教，当一个人内心有"罪恶感"而难以自拔时，采取的办法就是向"主"忏悔——说出来，以减轻负疚感。

另外，当我们为某事"夸下海口"时，多少都会为该事作出努力，甚至是最大的努力。因为说出来了，就有压力，就是动力，有个言行一致的信誉问题。这就是心理作用，这就是暗示。

在日常生活中，一个经常说消极语言的人，决不会积极向上；反之，积极奋进的人，说的话则多是积极的。

因此，经常用自我激发性的话提醒自己，抑制消极心态，保持积极的心态，形成强大的内动力。

据一些心理学专家研究，有效的言词有：

我喜欢我自己！

我是负责任的！

我是最棒的！

我一定要成功！

今天将有最好的事发生在我身上！

这样的言词，亦可根据各人的实际情况和需要而自我设定，其目的就是要提高自信，激励自己，不怕失败。

可以经常对着山水、旷野或在屋内高声喊叫，或琅琅诵读或者不停地默诵，日久必见成效。表面看，似乎有些"形式主义"，实际上形式达到一定的"量"，一定能引起"质"的变化。

第五章

行动促使成功

导 言

　　成功只能在行动中产生，付诸行动，这是成功者的共同经验，也是开发潜能的必然要求。你越多开发潜能的宝藏，你就会越明显地感到行动的必要性。开发潜能必须落实到实践上，瞄准你的生命目标，从现在开始行动。梦想是所有行动的出发点，很多人之所以失败，就在于他们从来都没有踏出他们的第一步。圣经里有一句话：他心怎样思量，他为人就是怎样。我们每个人都有很多梦想，这些梦想之中有些是影响我们人生的主要因素。请问你是否真正认识呢？

　　有一个人原本只是一家钢铁厂的工人，但他凭着制造及销售比其他同行更高品质的钢铁的梦想，以及坚定的行动，成为全美最富有的人之一，并且有能力在全美国小城镇中捐资盖图书馆。

　　他的梦想已不只是一个愿望而已，已形成一股强烈的行动欲望。只有发掘出你强烈行动欲望才能使你获得成功。

　　研究那些已获得成功的富豪时，你会发现，他们每一个人都有自己的梦想，都定出达到梦想的计划，并且花费最大的心思、付出大量的行动来实现梦想。

　　我们每个人都希望得到更好的东西，比如金钱、名誉、尊重，但是大多数的人都仅把这些希望当作一种愿望而已，如果知道希望得到的是什么，如果对实现自己的梦想的坚定性已到了执着的程度，而且能以不断的行动和稳妥的计划来支持这份执着的话，你就已经是在实践梦想了。所以说，认识梦想和行动之间的差异是极为重要的。

　　迈克尔·戴尔是美国第四大个人电脑生产商。他29岁便成为富豪，但他既不是靠继承遗产，也不是靠中彩，而是很早就有梦想。

　　戴尔是在得克萨斯州的休斯敦市长大的，有一兄一弟，父亲亚历山大是一位畸齿矫正医生，母亲罗兰是证券经纪人。戴尔在少年时期就勤奋好学。十来岁就开始赚钱，在集邮杂志上刊登广告，出售邮票。后来，他用赚来的 2000 美元买了一台个人电脑。然后，把电脑拆开，仔细研究它的构造及运作并多次安装成功。

戴尔读高中时，找到一份为报商征集新订户的工作。他想新婚的人最有可能成为订户，于是请朋友为他抄录新近结婚夫妇的姓名和地址。他将这些资料输入电脑，然后向每一对新婚夫妻发出一封有私人签名的信，允诺赠阅报纸两星期。这次他赚了 1.8 万美元，买了一辆德国宝马牌汽车。汽车推销员看到这个 17 岁的年轻人竟然用现金付账，十分惊讶。

大学期间，戴尔经常听到同学们谈论想买电脑，但由于售价太高，许多人买不起。戴尔心想："经销商的经营成本并不高，为什么要让他们赚那么丰厚的利润？为什么不由制造商直接卖给用户呢？"戴尔知道，万国商用机器公司规定，经销商每月必须提取一定数额的个人电脑，而多数经销商都无法把货全部卖掉。他也知道，如果存货积压太多，经销商会损失很大。于是，他按成本价购得经销商的存货，然后在宿舍里加装配件，改进性能。这些经过改良的电脑十分受欢迎。戴尔见到市场的需求巨大，于是在当地刊登广告，以零售价的八五折推出他那些改装过的电脑。不久，许多商业机构、医生诊所和律师事务所都成了他的顾客。

由于戴尔一边上学一边创业，父母担心他的学习成绩会受到影响。父亲劝他说："如果你想创业，等你获得学位之后再说吧。"戴尔当时答应了，可是一回到奥斯汀，他就觉得如果听父亲的话，就是放弃一个一生难遇的机会。"我认为我绝不应该错过这个机会。"

于是他又开始销售电脑，每月赚 5 万多美元。戴尔坦白地告诉父母："我决定退学，自己开公司。""你的梦想到底是什么？"父亲问道。"和万国商用机器公司竞争。"戴尔说。和万国商用机器公司竞争？父母大吃一惊，觉得他太不自量力了。但无论他们怎样劝说，他始终不放弃自己的梦想。最终，他和父母达成了协议：他可以在暑假试办一家电脑公司，如果办得不成功，到 9 月就要回学校去读书。

得到父母的允许后，戴尔拿出全部积蓄创办戴尔电脑公司，当时他19岁。他以每月续约一次的方式租了一个只有一间房的办事处，雇用了一名28岁的经理，负责处理财务和行政工作。在广告方面，他在一只空盒子底上画了戴尔电脑公司第一张广告的草图。朋友按草图重绘后拿到报馆去刊登。戴尔仍然专门直销经他改装的万国商用机器公司的个人电脑。第一个月营业额便达到18万美元，第二个月26.5万美元，仅仅一年，便每月售出个人电脑1000台。积极推行直销、按客户要求装配电脑、提供退货还钱以及对失灵电脑"保证翌日登门修理"的服务举措，为戴尔公司赢得了广阔的市场。大学毕业的时候，迈克尔·戴尔的公司每年营业额已达7000万美元。以后，戴尔停止出售改装电脑，转为自行设计、生产和销售自己的电脑。

如今，戴尔电脑公司在全球16个国家设有附属公司，每年收入超过20亿美元，有雇员约5500名。戴尔个人的财产，估计在2.5亿～3亿美元之间。假如戴尔不是从小就有梦想，并且基于梦想坚决行动的话，那他是不可能成为当今世界最年轻的富豪之一的。

可以战胜一切的行动

行动是件了不起的事，一个人只要行动起来，就会越来越喜欢行动。每天有多少人把自己辛苦得来的创意埋葬掉，因为他们不敢行动。

人有两种能力，思维能力和行动能力，没有达到自己的目标往往不是因为思维能力，而是因为行动能力。

当我们决定一件大事时，心里一定会很矛盾，面对到底要不要做的困扰。下面的实例是一个年轻人的选择，没有抱怨，而是立即去做，他终于大有收获。

杰米是个普通的年轻人，二十多岁，有太太和小孩，收入并不高。他们全家住在一间小公寓里，夫妇二人都渴望有一套自己的新房子。他们希望有较大的活动空间、比较干净的环境、小孩有地方玩，同时也增添一份产业。

买房子的确很难，必须有钱支付分期付款的首付款才行。有一天，当他签发下个月的房租支票时，突然很不耐烦，因为房租跟新房子每月的分期付款差不多。

杰米跟太太说："下个礼拜我们去买一套新房子，你看怎样？""你怎么突然想到这个？开玩笑，我们哪有能力。可能连首付款都付不起。"他的太太说。

但是他已经下定决心："跟我们一样想买一套新房子的夫妇大约有几十万，其中只有一半能如愿以偿，一定是什么事情使他们打消这个念头。我们一定要想办法买一套房子。虽然我现在还不知道怎么凑钱，可是一定要想办法。"

第二个礼拜他们真的找到一套两人都喜欢的房子、朴素大方又实用，首付款是 1200 美元。他知道无法从银行借到这笔钱，因为这样会妨害他的信用，使他无法获得一项关于销售款项的抵押借款。

可是皇天不负有心人，他突然有了一个灵感，为什么不直接找包销商谈，向他借私款呢？他真的这么做了。包销商起先很冷淡，由于杰米一再坚持，他终于同意了。他同意杰米把 1200 美元的借款按月偿还 100 美元，利息另外计算。

现在他要做的是，每个月凑出 100 美元。夫妇两个想尽办法，一个月可以省下 25 美元，还有 75 美元要另外设法筹措。

这时杰米又想到另一个点子。第二天早上他直接跟老板解释这件事，他的老板也很高兴他要买房子。

杰米说："T 先生（就是老板），你看，为了买房子，我每个月要多赚 75 元才行。我知道，当你认为我值得加薪时一定会加，可是我现在很想多赚一点钱。公司的某些事情可能在周末做得更好，你能不能答应我在周末加班呢？有没有这个可能呢？"

老板对于他的诚恳和雄心非常感动，真的找出许多事情让他在周末工作 10 小时，夫妇二人因此欢欢喜喜地搬进新房子了。

显然，杰米能买到新房子，是他坚持行动的结果，俄国著名剧作家克雷洛夫说："现实是此岸，理想是彼岸，中间隔着湍急的河流，行动则是架在河上的桥梁。"

行动才会产生结果。行动是成功的保证。任何伟大的目标、伟大的计划，最终必然落实到行动上。

有一个雅典人没有口才，可是非常勇敢。有一天开大会，许多人做了精彩的长篇演说，许诺要办许多大事。轮到这个人发言，他站起来，憋了半天只说出一句话："大家说的事情……我都要做！"

有人说："想得好是聪明，计划得好更聪明，做得好是最聪明又最好。"成功开始于心态，成功要有明确的目标，这都没有错，但这只相当于给你的赛车加满了油，弄清了前进的方向和线路，可要抵达目的地，还得把车开动起来，并保持足够的动力。

即便是坐享其成、守株待兔，也还得去"坐"、去"守"，这些从某种意义上说也是。你采取行动会让你更成功，而不是你知道多少。所有的知识（心态、目标、时间管理）必须化为行动。不管你现在决定做什么事，不管你设定了多少目标，你一定要立刻行动。现在做，马上就做，是一切成功人士必备的素质。

计划，行动之母

西班牙成功学大师巴尔塔沙·葛拉西安警告我们说："有序的举动是成功的行动，无序的举动是盲目的行动。"可见，有计划的行动可以引领我们走向成功，而盲目行动将导致我们的失败。因此，我们要尽量避免盲目行动，行动前必须制订行动计划，并做好充分的准备。

从制订计划的那一刻，你的行动便开始渐渐有序。从无序到有序是一个渐变过程，在此过程中，要确知自己追求什么，再三确定自己该付出什么代价。审视成功者的生活，你会发现，他们付出了与其成就等量的代价。在成功之前，大多已花上了多年的努力与准备，这是用在任何领域的不变法则。只有懂得这一法则，行动才会渐渐有序。

那么如何才能做好行动前的准备呢？需谨记以下几条原则：

1. 改变肢体语言，由表及里带动你的内心

人表现的好坏在于其心理状态，而行动能影响情绪，因此，改变行动的肢体语言可以改变心境。当一个人充满朝气时会抬头挺胸，沮丧时则会垂头丧气。建议你每天起床时深呼吸、做健身操，以改变肢体语言的方法使心情达到巅峰状态。

2. 按照目标的要求改变注意力

注意力的改变决定了你所汲取的信息，以及所思维的范围。改变肢体语言就能改变你的内在注意力，反之，改变内在注意力也能改变肢体语言，而控制内在注意力的方法就是积极思考。

3. 积极思考即思考解决问题的方法

积极思考的定义可理解为，不管发生什么事情，都应在事前看坏的一面，而在事后看好的一面。事情的角度最少有两种，一是正面，一是负面。如何将注意力集中在正面思考呢？秘诀就是：注意你想要的，而不是你恐惧的。

　　一般人遇到困难时，通常会花 80% 的时间想问题本身，花 20% 的时间解决问题。解决问题，必须学会把 80% 的时间放在解决问题上，而把 20% 的时间放在问题本身上，这才是你行动的指导思想。

　　当我们确立一个目标后，紧接着要做的重要工作是什么呢？

　　有些人是急于直接行动，结果可能因为考虑不周、鲁莽行事而无法成功，或者因为行动路线的错误而付出过大的代价，最终影响成功的达成；有些人则因为目标离现实较远，不知从何下手，过于拖延徘徊，也无法成功。

　　目标与现实之间隔了一条河，河有的深、有的浅，有的宽、有的窄，有的中间还有急流险滩或其他无法预测的因素。要跨过现实与目标之间的河流，你首先必须考虑过河的方法。如果你不考虑自己是否会游泳，不考虑河流究竟有多深，硬要凭勇气过未知的深河，那非淹死不可。

　　其实，有很多办法渡河，可以蹚水，可以游泳，也可以造桥，还可以乘船，如果有能力，还可以乘一架直升机过去。

　　所以当我们确定一个目标之后，紧接着要做的工作是制订行动计划，选用最好的方法过河。换句话说，也就是选择最佳的路线和策略。

　　当然，所谓最佳行动路线和策略，必须是针对具体情况而言的。世界上没有什么简单公式能让我们作出最佳行动路线的选择，必须凭着我们对目标、难题、现实的认识和分析，凭着我们的经验、个性、智慧去灵活决定。

行动需要热忱

要想养成立即行动的习惯，就必须热忱。失去热忱，你将失去行动的力量。行动可以是实质的，也可以是心理的。思想将感情由消极变为积极，行动同样具有刺激性与效力。在这种情况下，行动不论是实质的，还是心理的，它都领先于感情。

所以，要变得热忱、要立即行动，并让这种自我激发深入潜意识之中。那么，当你在向成功迈进过程中精神不振时，它会闪入你的意识当中，等到时机到来，就会激励你采取热忱的行动，变消极为积极，变不利为有利，最终走向成功。

可以看出，成功需要行动，而行动需要热忱。

热忱和积极心态与你的行动之间的关系就好像汽油和汽车引擎之间的关系，热忱是行动的动力。你可运用积极心态来控制你的思想，同样的，你也可以运用积极心态来控制你的热忱，以使它能不断地注入你心灵引擎的汽缸中，并在汽缸内被明确目标发出的火花点燃且引爆，继而推动应用信心和进取心的活塞。

热忱是一股力量，它和信心一起将逆境、失败和暂时的挫折转变为行动。然而此变化的关键，在于你控制思维的能力，因为稍有不慎，你的思绪就会由积极转变为消极。凭借热忱的威力，你可以将任何消极表现和经验转变成积极表现和经验。

既然热忱如此重要，那么应该如何培养自己的热忱呢？下面就介绍一些这方面的方法：

（1）制订一个明确目标。

（2）清楚地写下你的目标、达到目标的计划，以及为了达到目标你愿意作出的努力。

（3）用强烈欲望作为达到目标的后盾，使欲望变得强烈，让它成为你脑子中最重要的一件事。

（4）立即执行你的计划。

（5）正确而且坚定地照着计划去做。

（6）如果你遭遇失败，应再仔细地研究一下计划，必要时应加以修改，别只因为失败就变更计划。

（7）务必使自己保持乐观。

（8）切勿在过完一天之后才发现一无所获。你应将热忱培养成一种习惯，而习惯需要不断补给。

（9）抱持着无论多么遥远，你必将达到既定目标的态度推销自己，自我暗示是培养热忱的有力法宝。

（10）随时保持积极心态，在充满恐惧、嫉妒、贪婪、怀疑、报复、仇恨、无耐性和拖延的世界里不可能出现热忱，它需要积极的思想和行动。

以上这些培养热忱的方法，难道不是你已经在做的吗？当然是的。热忱是你为成功所付出的有努力的自然结果。重要的是，你现在已了解你为达到目标所采取的每一个成功步骤，同时也在创造你的热忱。了解热忱给你带来帮助后，你将更有能力将热忱运用到其他你想运用的地方，源源不断地激发你的潜力。

果断前行

我曾经在课堂上告诉过学员：要当一个成功者，必须积极地努力，积极地奋斗。成功者从来不拖延，也不会等到"有朝一日"再去行动，而是今天就动手去干。他们忙忙碌碌尽其所能干了一天之后，第二天又接着去干，不断地努力、失败，直至成功。

要记住这句老话："今天能做的事情，不要拖到明天。"成功者一遇到问题就马上动手去解决。他们不花费时间去发愁，因为发愁不能解决问题，只会不断地增加忧虑。当成功者开始集中力量准备行动时，他们立即能兴致勃勃、干劲十足地去寻找解决问题的办法。

你遇见过那种喜欢说"假若……我已经……"的人吗？有些人总是喋喋不休地大谈特谈他以前错过了什么云山雾雨的成功机会，或者"打算"将来干什么渺渺茫茫的事业。

失败者总是考虑他的那些"假若如何如何"，所以总是因故拖延，总是顺利不起来。总是谈论自己"可能已经办成什么事情"的人，不是进取者，也不是成功者，而只是空谈家。"实干家"是这么说的："假如说我的成功是在一夜之间得来的，那么，这一夜乃是无比漫长的历程。"

不要等待"时来运转"，也不要由于等不到而觉得恼火和委屈，要从小事做起，要用行动争取胜利。

从现在起，不要再说自己"倒霉"了。对于成功者来说，勤奋工作就是好运气的同义词。只要专心致志去做好你现在所做的工作，坚持下去直到把事情做好，"机会"就会来到。怨天尤人不会改变你的命运，只会耽误你的光阴，使你没有时间去取得成功。如果你想要"赶上好时间、好地方"，就去找一样能够让你拼上一拼的工作，然后努力去干。幸运不是偶然的。

只有勤奋工作，才可能把幸运女神召唤来。

如果你想要冲破你的人生难关，现在就去做！如果你现在不行动，你将永远不会有任何行动。没有任何事情比开始行动、下定决心更有效。如果你现在不去做，你永远不会有任何进展。机会总是偏向懂得立即行动的人。

美国一个大公司的董事长，年事已高，一直想找人接班，可不知是让位给大儿子还是二儿子。

董事长突然有了主意，他告诉两个儿子：前边有两匹马，黑马是大儿子的，白马是二儿子的，谁的马最先到达终点，就由谁来接班。大儿子听后就考虑如何比赛，而二儿子飞身跨上黑马，迅速赶往终点。二儿子最终接了班。

想做就马上做，可以使你抓住成功的机会。

英国物理学家卢瑟福在思考 α 射线的本质时，突然想到，如果射线的本性是氦原子核的话，它的性质便很容易说明，虽然已是深夜，但他立即抓起电话，叫醒了他的助手索第，一口气把自己的想法告诉了他。深更半夜被喊了起来，电话里传来的又是个没头没脑的设想，索第有点不高兴，反问："为什么？"卢瑟福的回答却是："理由嘛，还没有，只是个感觉。"后来，实验证明卢瑟福的感觉是正确的，由此卢瑟福建立了他的理论体系，并在 1908 年获得了诺贝尔奖。

要知道，如果一个好的设想不能马上落实，就有可能被别人想到。因此，立即行动有了它的现实意义：立即行动就是金钱，就是成功。

被美国《时代》杂志选为 1999 年风云人物的贝佐斯，当年才 36 岁，他所创办的亚马逊网站，却已经成为电子商务的典范。这归功于他积极行动的办事风格。

1993 年，贝佐斯在华尔街担任基金经理人时，有一天无意中读到一个数据，那就是网际网络网页浏览人数，一年增长了 23%。对很多人来说，这个数字算不了什么，但对贝佐斯来说，它代表了一个美好的企业远景。他立刻采取行动，辞去华尔街的工作，带着太太，从美国东海岸开车到西海岸，开创他的新事业。

一路上，贝佐斯在他的笔记本电脑上，开始拟订事业计划书，并通过移动电话，到处募集资金。贝佐斯和四个工作伙伴，在租来的住家车库里，开始建立亚马逊网站。几乎所有人都觉得这个点子是天方夜谭。贝佐斯计划在另一个世界里开设一家书店，他把这个世界叫作"网络空间"。这个书店里没有书架、没有盘存，也没有让顾客实际光临的店面。如今，亚马逊网站，员工已经有两千多人，而且成为了一个国际知名的企业。这些均得益于贝佐斯立即行动的好习惯。

行动促使成功

　　科学已经证明，人的潜能是无穷的。潜能愈用愈增加，不用就减退。行动促使潜能的发展，潜能的发展必然带来更大的行动。

　　"凡是有的还要加给他；没有的，连他所有的也要夺过来。"这就是著名的马太效应。

　　《新约·马太福音》第25章叙述了耶稣带领门徒向耶路撒冷行进的路上，给门徒们讲的一个故事：一个贵族要出门到远方去。临行前，他把仆人召集起来，按着各人的才干给了他们银子。后来，这个贵族回国了，就把仆人叫到身边，了解他们经商的情况。

　　第一个仆人说："主人，你交给我五千两银子，我已用它赚了五千两。"贵族听了很高兴，赞赏地说："好，善良的仆人，你既然在赚钱的事上对我很忠诚，又这样有才能，我会把许多事派给你管理。"第二个仆人接着说："主人，你交给我两千两银子，我已用它赚了两千两。"贵族也很高兴，赞赏这个仆人说："我可以把一些事交给你管理。"第三个仆人来到主人面前，打开整整齐齐的手绢说："尊敬的主人，看哪，您的一千两银子还在这里。我把它埋在地里，听说您回来，我就把它掘了出来。"贵族的脸色沉了下来。"你这又恶又懒的仆人，你浪费了我的钱！"于是夺回这一千两，给那个有一万两的仆人，并说："凡是有的还要加给他；没有的，连他所有的也要夺过来。"

　　埋没钱才，就是浪费，如第三个仆人的作为——不行动，也就是潜能的最大浪费。一个著名的科学家只会越来越著名；一个社会关系好的人，其社会关系只会越来越好；一个行动能力强的人，其行动能力只会越来越强。他们就是如此"走运"，生命力就是如此旺盛，因为，他们时刻都在行动！行动是成功的保证。

　　行动是达到成功的唯一手段。大胆地采取一切对己有利又不损害他人的行动是追求成功者的必备素质。以下详细分析一下各种有效行动带来的影响。

1. 依托团体

成功者像是运动队员，他们很喜欢向集体靠拢。用专业术语来说，跑在前面的人必须使用不断增加的集体努力来前进，控制区域也随之增大。总之，往前推进就要能够承担起更多的责任，通过众人来完成任务。通常这些人都是下属，某人依照其管理头衔来加以领导。但越来越多的情况是，成功的专业人员和经理必须通过与他们没有正式从属关系的人合作来完成任务。换句话说，成功者之所以能走在前列就是他们的行动注重集体力量。

2. 承担责任

成功者总是能为他们的成功和缺点承担起全部责任。相比之下，许多不成功者往往太热衷于扮演"受害者"的角色。比起成功者，不成功者更喜欢宣称，他们的困境都是别人的错误造成的。比如，他们会经常指责某人。

然而成功者即使受到了不公正的待遇，他们也能勇敢地面对，找出办法来实现目标。相比之下，不成功者往往就一屁股坐下来说："唉，我真倒霉，我成了可怜的牺牲品。我无法控制我的生活。我希望有人能来照顾照顾我这个可怜人。"

你越勇于面对困境，就越有可能变成成功者。成功者都是那些勇敢的人。

3. 讲话得体

成功者在工作中总是避免讨论与工作无关的、容易让人生气或引起不和的问题。而不成功者经常冒险去踏"地雷阵"。需要避免的话题包括：政治、性别差异、种族、经济来源、低级幽默、性行为、宗教、民族。

这些敏感的问题搞不好就容易伤人。因此，最好避免谈及它们，除非不得已。

总之，讲话得体是影响事业的重要艺术。

4. 真诚待人

　　具体地说，成功者平均每天向别人真挚地问候三次。相比之下，不成功者一般不问候。

　　这是一个主要的差别。问候别人很容易做到。它只需花数秒钟，但它可以使你感到愉快。

　　凡事有去有回，你问候了别人，就可能会得到事业和个人利益上的回报。待人以诚，是获得他人情谊的最有效途径。

　　5. 下定决心

　　不成功者往往习惯于说"我将试试在这个星期完成这个项目"或"我将试试把它做好"。不成功者说"试试"就是给自己一个台阶下。如果他们达到了目标，当然好。如果没能达到目标，他们会借这个"试试"下台阶，即他们过去并没有承诺要做成这件事。毕竟，他们只同意"试试"。与此形成鲜明的对比，成功者真心去做每一件事，他们很少以"试试"作为自己的台阶。

　　由于成功者与不成功者之间有如此大的差异，因而要想早日成功，就应尽早地像一个成功者那样去说、去做。要么不做，要么下定决心，全力以赴，不给自己失败的理由和借口。这才是干大事者应该有的气魄。

第六章

如何有效掌控心境

 导　言

　　善恶就在一念间，悲欢贫富也如此。在进取状态时，有自信、敢爱、坚强、快乐让你的能力源源涌出；在消极状态时，忧虑、沮丧、恐惧、悲伤让你浑身无劲。我们的行为源于我们的心境。在追求成功的道路上，会有成功和失败两种结果，差别就在于自己处于什么样的心境中。学会保持良好的心境，我们的潜能就会不断得到释放。

　　心理学家认为，一个人具有什么样的心态，他就可以成为一个什么样的人，也就能够拥有一个什么样的人生。事情往往是这样，你相信会有什么结果，就可能会有什么结果。这说明一个人可以通过改变自己的心境来改变自己的生活。

　　伟大的心理学家阿德勒究其一生都在研究人类及其潜能，他曾经宣称他发现了人类最不可思议的一种特性——"人具有一种反败为胜的力量"。

　　我曾在课堂上讲述过一位叫汤姆森太太的经历，正好印证了这一点。

　　二战时，汤姆森太太的丈夫到一个位于沙漠中心的陆军基地驻防。为了能经常与他相聚，她也搬到那儿附近去住。那实在是个可憎的地方，她简直没见过比那里更糟糕的地方。她丈夫出外参加演习时，她就一个人待在那间小房子里。那里热得要命——仙人掌树荫下的温度高达50摄氏度；没有一个可以谈话的人；风沙很大，到处都充满了沙子。

　　汤姆森太太觉得自己倒霉到了极点，觉得自己好可怜，于是她写信给她父母，告诉他们她放弃了，准备回家，她一分钟也不能再忍受了，她宁愿去坐牢也不想待在这个鬼地方。她父亲的回信只有三行，这三句话常常萦绕在她的心中，并改变了汤姆森太太的一生：

有两个人从铁窗朝外望去：

一个人看到的是满地的泥泞，

另一个人却看到满天的繁星。

于是她决定找出自己目前处境的有利之处。她开始和当地的居民交朋友。他们都非常热心。当汤姆森太太对他们的编织和陶艺表现出极大的兴趣时，他们会把拒绝卖给游客的心爱之物送给她。她开始研究各式各样的仙人掌及当地植物，试着认识土拨鼠，观赏沙漠的黄昏，寻找 300 万年以前的贝壳化石。

是什么给汤姆森太太带来了如此惊人的变化呢？沙漠没有改变，改变的只是她自己。因为她的态度改变了，正是这种改变使她有了一段精彩的人生经历，她发现的新天地令她既兴奋又刺激。于是她开始着手写一部小说，讲述她是怎样逃出了自筑的牢狱，找到了美丽的星辰。

汤姆森太太的故事说明了这样一个朴素的道理：人可以通过改变自己的心境来改变自己的人生。这就充分证明了心态的重要性，调整心态的能力对于每个人来说都不可或缺。

困难、挫折、失败是胜利、喜悦、幸福的双生儿，人生总是这样顺逆交替，有如黑夜、白天或四季之变更。但是在现实生活中，能看清这一点的人其实并不多，这是因为并不是所有人都能调整好自己的心态，而只有那些能够调整好心态的人才能够走出困境。

大文豪巴尔扎克说："世界上的事情永远不是绝对的，结果完全因人而异。苦难对于天是一块垫脚石，对于能干的人是一笔财富，对弱者是一个万丈深渊。"

困境时常来临，大的叫苦难、失败，小的叫失落、挫折，大大小小、林林总总的困境构成人生特有的色彩。人们给予它们的颜色或黑或灰，然而如果没有它们的锤炼，哪来五彩斑斓的人生？

所以，遭遇逆境并不等于宣判我们命运的"死刑"，真正的法官永远是我们自己。只有我们自己才有资格对神圣的生命作出判决，而调整心态的能力将影响你手中的判笔。

心态的好坏对一个人的人生确实起着举足轻重的作用。好的心态会成就你的人生。

我就是我

你是不是一个有主心骨的人？你在做事时是按照自己的想法做决定，还是听从别人的话而摇摆不定？你会不会因为有人说你新买的裙子太花哨而闷闷不乐一整天？会不会因为别人说你不行就不再去努力……无论以前的你是怎样的，从现在开始，试着不让别人影响自己的心情，让自己的心态"操之在我"。

事实上，要成就一番事业或工作，我们总会听到许多反对意见。这些意见或来自朋友与亲近的人，他们从自己的角度考虑，或纯粹是为你担心，可能不赞成你的做法；也可能来自那些对你心怀恶意的人，他们诬蔑、攻击、诽谤，把你所要做的事描黑。面对这种情况，如果你不能明辨是非，缺乏独立思考的精神，你就可能半途而废，甚至事情还没做就夭折了。因此，一个人要想有所成就，就不应受别人的干扰，"走自己的路，让别人说去吧！"

牧场主罗伯特·尼兹为参观农场的小朋友们讲了这样一个故事，故事中的孩子没有受其他人嘲讽态度的影响，最终实现了被人们认为不可能实现的梦想。

这个孩子读高中的时候，老师让他写一篇作文，说说长大后想当一个什么样的人，做什么样的事。那天晚上，他写了一篇长达七页的作文，描绘了他的目标——有一天，他要拥有自己的牧场。在文中他详细地描述了自己的梦想，他甚至画出了一张200英亩大的牧场平面图，在上面标注了所有的房屋，还有马厩和跑道。然后他为他的4000平方英尺的房子画出细致的楼面布置图，那房子就立在那个200英亩的梦想牧场上。

他将全部的心血倾注到他的计划中。第二天，他将作文交给了老师。两天后，老师将批改后的作文发给了他。在第一页上，老师用红笔批了一个大大的"F"（最低分），附了一句评语："放学后留下来。"

心中有梦的男孩放学后去问老师："为什么我只得了'F'？"

老师说："对你这样的孩子，这是一个不切合实际的梦想。你来自一个四处漂泊居无定所的家庭。你没有经济来源，而拥有一个牧场是需要很多钱的，你得买地，你得花钱买最初用于繁殖的马匹，然后，你还要因育种而大量花钱，你没有办法做到这一切。"最后老师加了一句，"如果你把作文重写一遍，将目标定得更现实一些，我会考虑重新给你评分。"

男孩回到家，痛苦地思考了很久。他问父亲应该怎么办，父亲说："孩子，这件事你得自己决定。不过我认为这对你来说是个非常重要的决定。"

最后，在面对作文枯坐了整整一周之后，男孩子将原来那篇作文交了上去，没改一个字。他向老师宣告："你可以保留那个'F'，而我将继续我的梦想。"

讲到这里，罗伯特微笑着对孩子们说："我想你们已经猜到了，那个男孩就是我！现在你们正坐在我的 200 英亩的牧场中心，4000 平方英尺的大房子里。我至今保存着那篇学生时代的作文，我将它用画框装起来，挂在壁炉上面。"

罗伯特没有接受老师的意见，所以他排除了"F"的干扰，坚持自己的想法，最终实现了梦想。可见，别人的态度本身并没有力量，除非你在心理上已经接受了它。这个故事告诉我们：无论做什么事，一定要对自己有一个清楚的认识，要有自己的主见，不能因为别人一时的态度和议论而迷失自己、改变自己。只有这样，才能走出"别人的态度"的阴影，走属于自己的路。

豁达与简单并不奢侈

宽容是一缕阳光，照亮人们的心；宽容是一丝春雨，滋润人们的心田；宽容是一种高尚的人格修养，只要我们本着"以和为贵"的原则，不斤斤计较别人的过失，多为别人着想，就能确立友善的人际关系。

比尔·盖茨曾说："没有豁达就没有宽容。无论你取得多大的成功，无论你爬过多高的山，无论你有多少闲暇，无论你有多少美好的目标，没有宽容心，你仍然会遭受内心的痛苦。"

的确，豁达是一种超脱，是自我精神的释放。豁达是一种宽容，恢宏大度，胸无芥蒂，肚大能容，海纳百川。飞短流长怎么样，黑云压城又怎么样，心中自有一束不灭的阳光。以风清月明的态度，从从容容地对待一切，待到廓清云雾，必定是柳暗花明。

浮世中许多人为追求舒适的物质享受、社会地位、显赫的名声等，把自己变得庸碌而烦乱；今日的新新人类追求时髦、新潮、时尚、流行，让自己被欲望所束缚，其中的内涵说穿了，也就是物质享受和对"上等人"社会地位的尊崇。用心于此，人就会像被鞭子抽打的陀螺，忙碌起来——或拼命打工，或投机钻营，应酬、奔波、操心……你就会发现自己很难再有轻松地躺在家中床上读书的时间，也很难再有与三五朋友坐在一起"侃大山"的闲暇，你会忙得忽略了自己孩子的生日，你会忙得没有时间陪父母聊聊家常……

这些让我们失去了简单的快乐，在复杂的社会中失去了自我。

现在有很多人已经意识到这一点，在欧洲和美国有很多团体，倡导过一种"简单的生活"。他们试着离开汽车、电子产品、时尚圈子，看能不能活得快乐，这被称作"草根运动"。他们强调简化自己的生活，并非完全抛弃物欲，而是要把人专一于身外浮华物上的注意力移出适当的比例，放在人自身上、精神上、心灵情感上，过一种平衡、和谐、从容的生活。一个真正有感知的人的生活，实质是提升生活品质。

也许今天我们所说的"简单"应该是带有后现代意味的。由文化反思所带来的对"苦行僧"式的生活追求并非我们今天所提倡的简单生活，肉体上的磨炼和精神上的充实一定是同方向的。

简单，其实是一种全新的哲学。简单生活并非物质的匮乏，但一定是精神的自在；简单生活也不是无所事事，却是心灵的单纯。回归内在的真实，才是真正的富足。

我们现在所追求的简单，指的是有快乐意义的生活，真诚、和谐、悠闲且幸福。一个清洁工和一个公司总裁同样可以选择过简单生活；一个隐居者和一个百万富翁同样可以简化生活，充分享受人生的乐趣；一个8岁的孩子和一位耄耋老人如果认同简单的做法，他们也同样可以更充分地吸取生活的营养，然后快乐终生。

"简单"的关键是你自己的选择和内心感受。简单才能快乐，简单的人多是乐观的人，但并非乐观的人就不会有负面情绪。

实际上，他们只是很会利用巧妙的方式、方法排解自己的负面情绪，从而给人一种总是乐观的感觉。另一些人，在情绪低潮时，把低潮看得很严重，他们很想逼自己尽快走出低潮状态，结果不但解决不了问题，反而使问题更加复杂。

乐观的人也会陷入情绪低潮。但与悲观者不同的是，他们不让低潮情绪左右自己的心情，因为他们知道，过些时候，他们就会再度快乐起来。对他们来说，这没什么大不了的。

当我们遇到困难无法挣脱时，不要抗拒它，试着放松，看看除了恐慌，是否能够保持从容与镇定。不要对抗自己的负面情绪，而应乐观一些，从容面对。人们几乎都在通过自己独特的途径探索最简单的、最符合心灵需求的新生活方式，以替代目前日渐冗繁的生活，这也正是简单生活要做的事情。

豁达一些，放开胸中的万千纠结和尘世的种种烦忧，简简单单地生活，你才能充分享受生活。

擦去心窗上的污渍

　　如果你总是背着"情绪包袱"去生活，那么你就不可能带着良好的心态去拼搏，更谈不上获得人生的成功了。但很多人无法甩掉"情绪包袱"，往往被它压得喘不过气来。这部分人总想着过去没解决的问题和矛盾，一讲话便是从前的灾祸、现在的艰难和未来的倒霉。

　　对于失败者来说，他们往往把周围环境当中每件美中不足的事情放在心上，对周围事情的指责和消极的念头捆住了他们的手脚，使他们很难再去体验快乐。

　　对于失败者来说，从来没有一件事情是满意的。当他们终于得到了所向往的东西的时候，他们又不再想要了；如果失去了的话，他们又一定要找回来。他们不断重复老一套消极泄气的想法，把不幸和烦恼作为生活的主题。即便在平安无事、一切顺利的时候，他们也习惯于只琢磨生活当中消极泄气的事情。他们觉得不幸和气愤的时间太多。他们总是喜欢喋喋不休地发表消极泄气的言论。他们说泄气话，指手画脚，令人难堪，使别人同他们疏远。

　　失败者常常因困难而挫伤情绪，失去活力，心生失望，无所作为。当遇到麻烦和苦恼的时候，他们往往把精力用在责怪、牢骚和抱怨上。

　　失败者常说许多带"不"字的话，例如不能如何、不要如何、不应该如何等。他们最常用的形容词是糟糕、讨厌、可怕和自私。他们没完没了地指责别人为什么不如何、怎么没有如何。

　　而成功者往往为自己四周的美好事物和自然的奇迹感到欢愉。他们对于含苞待放的鲜花、雨后清新空气之类的小事也欣赏喜爱。

　　愉快乐观的态度是成功者获得成功的重要品质之一，他们把自己的思想和谈吐引导为振奋鼓劲的念头和看法。他们把过去当成借鉴参考的资料库，把未来看作充满无限希望和欢乐的时光。成功者看重他们所具备的有价值的条件，他们会想出有创造性的办法去争取达到想要达到的其他设计。成功者能够迅速解决问题，把困境当中的消极方面缩小到最低限度，并且找出积极的因素来。他们致力于在所处的环境中求得发展和学习的机会。

成功者喜欢同别人交往，不论自己有所收获还是对别人有所帮助，他们都会喜形于色。他们对参与了的活动都从好的方面加以评讲谈论，同别人相处时也很热情。

一个哲人说：对待心态就像对待握在我们手中的小鸟，如果它是积极、温和的，就可以放飞它，任它在天际飞翔；如果它是消极、冷酷的，就可以掐紧它，将它捏死在手中，就看你怎样选择。

你可以选择积极、乐观、愉快地过每一天，也可以选择消极、悲观和闷闷不乐；

你可以选择堂堂正正、踏踏实实，也可以选择违法乱纪、偷奸耍滑；

你可以选择积极上进的朋友，也可以选择自甘堕落的朋友。

凡此种种，我们都有选择的自由。

不管你是选择积极，还是选择消极，下决心时所费的力气没有太大的区别，但是结果有天壤之别。

选择积极，你将跨入成功的快车道；

选择消极，你将陷入失败的污泥潭。

你有怎样的心态，生活就会对你有怎样的回馈。不信吗？来看看下面这个实验：

罗伯特博士在哈佛大学主持了一系列有趣的实验，实验对象是三组学生与三组小白鼠。他对第一组学生说："它们很幸运。你们将和天才小白鼠在一起。这些小白鼠相当聪明，它们会到达迷宫的终点，并且吃许多干酪，所以要多买一些喂它们。"

他告诉第二组学生说："你们的小白鼠只是普通的小白鼠，不太聪明。它们最后还是会到达迷宫的终点的，并且吃一些干酪，但是不要对它们期望太大，它们的智商和能力都很普通。"

他告诉第三组学生说："这些小白鼠是真正的笨蛋。如果它们能找到迷宫的终点，那真是意外。它们的表现自然很差，我想你们甚至不必买干酪，只要在迷宫终点画上干酪就行了。"

此后6个星期，学生们都严格按照罗伯特博士的要求从事实验。天才小白鼠就像天才人物一样行事，它们在短期内很快就到达了迷宫的终点。那群"普通小白鼠"是什么结果呢？它们也会到达终点，但是在这个过程中并没有写下任何速度记录。至于那些愚蠢的小白鼠呢？那更不用说了。它们都有真正的困难，只有一只最后找到了迷宫的终点，可以说是一个意外。

有趣的是，根本没有所谓的天才小白鼠和愚蠢小白鼠之分，它们都是同一窝小白鼠中的普通小白鼠。这些小白鼠的成绩之所以不同，是参加实验的学生心态不同而导致的直接结果。简而言之，学生们因为听说小白鼠条件不同而采取了不同的心态，而不同的处理导致不同的结果。

用积极的心态解决问题，可以引导问题向有利的方向发展，最后往往能够取得不错的成绩，反之亦然。学生的心态如何决定了他们采取的措施和投入的精力，而最后的结果可以从他们训练出的小白鼠的能力上体现出来。

人生也是如此，将学习与工作看作是任务、负担，那么它会越来越重，直到压得我们喘不过气。如果能够以积极的心态去主动寻找学习和工作中的乐趣，在快乐中学习和工作，那么，无论做什么事情，都能有很好的成效。

精神的调养品

想想你所见过的成功人士，他们一定都是积极思考者。当他们遇到问题的时候，会问自己：从这个问题当中可以学到什么；当他们遇到挑战的时候，他们相信自己一定能有所突破；当他们遇到困难的时候，他们告诉自己，人生就像季节更替一样，问题一定会过去。他们总是保持着对未来的期望，遇事尽量往好处想，为什么要往坏处想？思想是原因，环境是结果。如果你不满意现在的环境，你就必须改变想法。

法国作家都德有一次心情很好，忽然觉得世界充满希望，于是怀着愉快的心情，走上巴黎街头。原本平凡无奇、呆板枯燥的街道景观，此时映入眼帘，全都变得缤纷美丽。都德喜不自胜，激动地找人倾诉，朋友却以为是他喝醉酒、两眼昏花才自生幻觉。

不同的信念、不同的心境，会影响人的言行举止以及客观的环境。思想观念深刻影响着主观行动与客观环境，所以，不论遇到什么困难，都应该以乐观的心态去面对。

下面是一个美国商人的自述，它告诉我们他是怎样从平庸的世界中逃脱的：

5年前，我经营的是小本农具买卖。我过着平凡而又体面的生活，但并不理想。我们的房子太小，也没有钱买我们想要的东西。我的妻子并没有抱怨，很显然，她只是安于天命而并不幸福。我的内心深处变得越来越不满。当我意识到爱妻和我的两个孩子并没有过上好日子的时候，感到了深深的刺痛。

但是今天，一切都有了极大的变化。现在，我有了一所占地2英亩的漂亮的新家。我们再也不用担心能否送我们的孩子上一所好的大学了，我的妻子在花钱买衣服的时候也不再有那种犯罪的感觉了。明年夏天，我们全家将去欧洲度假。我们过上了真正的幸福生活。

这一切的发生，是因为我利用了信念的力量。5年前，我听说在底特律有一项经营农具的工作。那时，我们还住在克利夫兰。我决定试试，希望能多挣一点钱。我到达底特律的时间是星期天的早晨，但公司与我面谈还得等到星期一。晚饭后，我坐在旅馆里静思默想，突然觉得自己是多么的可憎。"这到底是为什么?"我问自己。失败为什么总属于我呢?

我不知道那天是什么促使我做了这样一件事：我取了一张旅馆的信笺，写下几个我非常熟悉的、在近几年内远远超过我的人的名字。他们取得了更多的权力和工作职责。其中两个原是邻近的农场主，现已搬到更好的边远地区去了；其他两位我曾经为他们工作过；最后一位则是我的妹夫。我问自己："什么是这5位朋友拥有的优势呢?"我把自己的智力与他们作了一个比较，但我并不认为他们比我更聪明；而他们所受的教育，他们的正直、个人习惯等，也并不拥有任何优势。终于，我想到了另一个成功的因素，即主动性。我不得不承认，我的朋友们在这点上胜我一筹。

当时已快深夜3点钟了，但我的脑子还十分清醒。我第一次发现了自己的弱点。我深深地挖掘自己，发现缺少主动性是因为在我的内心深处，我并不看重自己。我坐着度过了残夜，回忆着过去的一切。从我记事起，我便缺乏自信心，我发现过去的我总是在自寻烦恼，自己总对自己说不行，不行，不行！我总在表现自己的短处，几乎我所做的一切都表现出了这种自我贬值。终于我明白了：如果自己都不信任自己的话，那么将没有人信任你！于是我做出了决定："我一直都是把自己当成一个二等公民，从今后，我再也不这样想了！"

第二天上午，我仍保持着那种自信心。我暗暗以这次与公司的面谈作为对我自信心的第一次考验。在这次面谈以前，我希望自己有勇气提出比原来工资高750美元甚至1000美元的要求，但经过这次自我反省后，我认识到了我的价值，因而把这个目标提到了3500美元。结果我达到了目的。我获得成功，是因为经过整整一个夜晚的自我分析以后，我终于认识到了自己的价值。

　　取得这个工作后的两年间，我建立起了很好的商业信誉，也使我觉得自己的价值倍增，表明在这个领域里，我取得了很大的成功。最后，公司重新组合，我得到了很大一笔股票，工资也有大幅度提高。我也实现了我的愿望。因此，相信你自己，好运气就会降临。

　　你不必告诉别人"我喜欢你""我瞧不起你"或"我觉得你很了不起""你不行""我嫉妒你"之类的话。也不必去对别人说"我喜欢我的工作"或"我很无聊""我饿了"。这一切都会从你身上无声地表达出来。我们的行为就是我们思想的真实写照；态度就像是大脑的一面镜子，它反映了我们的思想。

　　那些演技高超的影视明星，在一定程度上不是在演戏。他们不再是他们自己，而是完全失去了自身的特点，变成了另外一个活生生的人。要不然，人们不会再相信他们，影片的卖座率也会猛跌。

　　通过表情、语言，我们可以看到一个人的心态如何。人类最早是用身体语言、表情和声音，而不是用文字进行交流的。如今，我们还在用这些方式交流着我们的思想和对人或事物的感受。我们与婴儿的交流，除了直接的身体接触外，面部表情和声音是仅有的方式。

清除心灵的垃圾

对于跋涉在成功道路上的人来说，成功的每一步都要付出艰辛，相伴而来的是焦躁和忧虑，这些不良的情绪是不可避免的。但是，如果长期生活在忧虑和紧张之中，这样的人的心理状况是极为混乱的，渐渐会形成一种思维定式，这种思维定式会直接影响我们的精神和行为，并且会造成不良后果。

在谈到忧虑对人的影响时，一位医生说，有70%的人只要能够消除他们的恐惧和忧虑，病就会自然好起来。这些病都是真病，比如胃溃疡，恐惧使你忧虑，忧虑使你紧张，并影响到你胃部的神经，使胃里的胃液由正常变为不正常，因此就容易得胃溃疡。

忧虑也容易导致神经和精神问题。对于一半以上的患有"神经病"的人，在显微镜下，以最现代的方法来检查他们的神经时，却发现大部分人都非常健康。他们"神经上的毛病"都不是因为神经本身有什么异常的地方，而是因为悲观、烦躁、焦急、忧虑、恐惧、挫败、颓丧等情绪造成的。

随着现代医学的进步，已经大量消除了那些可怕的、由细菌所引起的疾病。可是，医学界一直还不能治疗精神和身体上那些不是由细菌所引起，而是由于情绪上的忧虑、恐惧、憎恨、烦躁，以及绝望所引起的病症。这种情绪性疾病所引起的灾难正日渐增加、日渐广泛，而且速度快得惊人。精神失常的原因何在？没有人知道全部的答案。可是在大多数情况下，极可能是由恐惧和忧虑造成的。焦虑和烦躁不安的人，多半不能适应现实生活，而跟周围的环境隔断了所有的关系，缩到自己的梦想世界，以此解决他所忧虑的问题。

应用心理学之父威廉·詹姆斯教授曾经告诉他的学生说："要愿意承担并接受既成事实的事情，这就是克服随之而来的任何不幸的第一步。"

当我们接受了最坏的情况之后，就不会再损失什么，这也就是说，一切都可以寻找回来。

可是现实中还有成千上万的人因为忧虑而毁掉自己的生活。因为他们拒绝接受最坏的情况，不肯由此作出改进，他们不但不愿意重新构筑自己的财富，还沉浸于过去失败的记忆中不能自拔。终于，他们使自己成为忧虑情绪的牺牲者，他们摧毁了自己奠定成功的最后一块基石——健康。

人生要有接受最坏情况的心理准备，用恬淡的心情迎接每一个日出、日落，这才是生命的真谛。

人活于世，头脑中一定会有各种固有的观念，有各种各样的污染。正是这种污染使我们的生命不再年轻，让我们丧失了许多创造力和生命的生机。人们开始担心失去已有的名誉、地位和各种关系的资源，要放弃这些东西，让自己回到最原始的状态，便成了一件很可怕的事情。正是这种担心和害怕，越来越使人变得世俗、阿谀奉承、不求上进，千方百计地在讨好着这个世界，一步步地失去人性中最本质的东西，失去了人性中最有创造力的东西。

有这样一个现象：如果一个杯子中有些脏水，不管加多少纯净水，仍然混浊；但若是一个空杯，不论倒入多少清水，它始终清澈如一。

人生又何尝不是如此！在人生路上，每个人不都是在不断地累积东西吗？这些东西包括你的名誉、地位、财富、亲情、人际、健康、知识等，当然也包括烦恼、苦闷、挫折、沮丧、压力等。这些东西，有的早该丢弃而未丢弃，有的则是早该储存而未储存。

我们要学会把大脑中的"脏水"倾倒干净。

爱因斯坦被带到普林斯顿高级研究所办公室的那天，管理人员问他需要什么用具。爱因斯坦回答说："我看，一张桌子或台子，一把椅子，一些纸张、钢笔就行了。啊，对了，还要一个大废纸篓。"

"为什么要大的?"

"好让我把所有的错误都扔进去。"

我们每个人都要给自己准备这样一个"废纸篓"，把自己的错误全都扔掉。

其实，心灵的房间也是如此，如果不把污染心灵的垃圾一点一点地清除掉，势必会造成心灵垃圾成堆，而原来纯净无污染的内心世界，亦将变成满池污水，让你变得更贪婪、更腐朽、更不可救药。

第七章

时间里的秘密

导 言

任何伟大的事业都需要漫长的时间才能完成，然而我们之中又有多少人真正懂得时间的使用？在此，我并不是要跟各位来谈时间管理，而是要各位重视时间的运用。你要使时间成为你迈向成功人生的朋友而不是敌人。如果你只注重一时的成效，往往会带来长期的痛苦，因此你要学会如何安排好时间。一旦对运用时间熟悉之后，就会了解大部分人实在高估了一年之中所能完成的事情，而低估了十年之中所能完成的事。

钟表王国瑞士有一座温特图尔钟表博物馆。在博物馆里的一些古钟上，都刻着这样一句话："如果你跟得上时间的步伐，你就不会默默无闻。"这句富有哲理的话，一定早已铭刻在许多成功者的心灵深处了。

有一首诗这样写道：

寄希望于今天吧！

因为它就是生命，

是生命中真正的生命。

确实，成功者都知道"今天"意味着什么。

不但今天是重要的，一天里的每分每秒都是重要的。让我们来看一个小故事：

"那本书要多少钱？"一个在拉奥尼·维拉书店的门厅徘徊了一个小时的男子问道。"1 美元。"店员回答道。"要 1 美元！"那个徘徊了良久的人惊呼道。"你能便宜一点吗？""没法便宜了，就得 1 美元。"这是他得到的回答。

这个颇有购买欲望的人又盯了一会儿那本书，然后问道："维拉先生在吗？""是的，"店员回答说，"他正忙于印刷间的工作。""哦，我想见一见他。"这个男子坚持道。书店的老板维拉被叫了出来，陌生人再一次问："请问那本书的最低价是多少，维拉先生？"

"1.25美元。"维拉看着买书的男子斩钉截铁地回答道。"1.25美元！怎么会这样子呢，刚才你的店员说只要1美元。""没错，"维拉说道，"可是你还耽误了我的时间，这个损失比1美元要大得多。"

这个男子看起来非常诧异，但是，为了尽快结束这场由他自己引起的谈判，他再次问道："那么告诉我这本书的最低价吧。""15美元，"维拉回答说。"15美元！天哪，刚才你自己不是说了只要1.25美元吗？""是的，"维拉平静地回答道，"可是到现在，我因此而耽误的工作和丧失的价值要远远大于15美元。"

这个男子默不作声地把钱放在了柜台上，拿起书本离开了书店。从维拉这位深谙时间价值的书店主人身上，他得到了一个有益的教训：在某种意义上说，时间就是财富，时间就是价值。正所谓一寸光阴一寸金，寸金难买寸光阴。

贺拉斯·曼曾这样说：时光流逝了！在日出和日落之间，我又浪费了黄金般珍贵的两个小时，每个小时中的60分钟就如60颗璀璨耀眼的钻石一样。我不可能取得任何回报，因为它们已经永远地一去不复返了。

俄国作家冈察洛夫曾塑造过一个奥勃洛摩夫的形象，他"胸怀大志"，也颇有才气，常常"突然产生一个思想，像大海里的波涛似的在他头脑中起伏奔腾。随后发展成为一种企图，使他的血液沸腾，筋肉蠕动，血脉膨胀。于是，企图又变成志向。他受到精神力量的激发，一分钟内迅速地改变了两三次姿势……"可是，从早上到黄昏，他只是躺在床上，整整一天什么事情也没做。这就是俄罗斯文学画廊中著名的"多余的人"的形象。

这样的人，当然不可能成为真正的成功者。"只要想做，就立刻去做"，是成功者共同的行为准则。珍惜生命，珍视"今天"，不放弃每一天的努力，是成功者共同的信条。

俄国作家赫尔岑认为：时间中没有"过去"和"将来"，只有"现在"才是现实存在的时间，才是实实在在的，才是最有价值和最需要人们利用的时间。

英国前首相丘吉尔平均每天工作 17 个小时，还使得 10 个秘书也整日忙得团团转。为了提高政府机构的工作效率，他在行动迟缓的官员的手杖上，都贴上了"即日行动"的签条。

1904 年，正当年轻的爱因斯坦潜心于研究的时候，他的儿子出生了。于是，在家里，他常常左手抱儿子，右手做运算。在街上，他也是一边推着婴儿车，一边思考着他的研究课题。妻儿已熟睡，他还到屋外点灯撰写论文。爱因斯坦就是这样抓住每一个"今天"，通过日积月累，一年中完成了四篇重要的论文，引起了物理学领域的一场革命。

6 + 1 > 8

休息并不是浪费生命，它能够让你在清醒的时候做更多有效率的事。这是我给学员讲的一条名言。每个正在奋斗着的、走向成功的人都应该铭记。

忧愁是人生的大敌，而工作过于疲劳就容易使人产生忧愁，并且会减弱身体对一般感冒和疾病的抵抗力。疲劳也同样会减弱你对忧虑、恐惧等感觉的抵抗力。因此，从某种意义上说，防止了疲劳也就防止了忧愁，防止了失落感。

防止疲劳，就是要好好休息，在你疲劳产生之前好好地休息。

美国陆军曾经做过多次实验，证明即使是年轻人，经过多种军事训练的强壮的年轻人，如果在行军过程中每小时休息10分钟，他们的行军速度就会提高一倍。

你的心脏也和那些训练有素的军人一样，每天压出来流过你全身的血液，足够装满一节油罐车，每24小时供应出来的能量，也足够用铲子把20吨的煤铲上一个6尺高的平台。

你的心脏能完成那么多令人难以置信的工作量，而且能持续几十年之久，你会问：它怎么能承受得起？

大多数人可能以为，人的心脏整天不停地跳动着。事实上，心脏在每一次正常收缩后，都有一段完全静止的时间。我们按心脏每分钟跳动70下的速度计算，一天24小时，心脏实际的工作时间只有9小时。换句话说，心脏每天有15小时在休息。

人只要有短短的一点休息时间，就能很快恢复体力。即使是5分钟的瞌睡，也能让人至少多支持1小时。

棒球名手康泰·马约克告诉人们，如果每次大赛前他不睡上个午觉的话，那打到第五局就会精疲力竭，可是如果睡了哪怕是短短5分钟的午觉，他就会像浑身充了电一样，即使打完全场也毫无倦意。

在亨利·福特 80 大寿的时候，他曾颇为自豪地向别人透露说："你们看我这样有精神，这样健康，是因为我这一生都遵守这样一条原则：能坐下的时候我绝不站着，能躺下的时候我绝不坐着。"

杰克·查纳克是全好莱坞最有名的大导演之一，他也用过这种方法，并且取得了奇效。杰克在米高梅公司短片部任经理的时候，常常感到精疲力竭，为了改变这种状况，他什么方法都用过了，喝矿泉水，吃营养餐，吃维生素和其他补药，但都无济于事。后来，卡耐基建议他每天自己去"度假"，充分利用一切时间休息，如当他在办公室和下属谈话或开会的时候可以躺下来休息。

两年后，杰克再见到卡耐基时，连连称赞卡耐基的这个方法极好。他说："真是个奇迹，以前每次和下属谈短片制作的时候，我总是僵硬地坐在椅子上，整个人高度紧张，而现在我躺在大沙发上开会，觉得比这几十年来的任何一天都好，每天还能多工作两个小时，且毫无倦意。"

那么，你该如何使自己休息呢？如果你是个打字员，就不能像爱迪生那样在办公室里睡午觉；如果你是个会计员，也不可能躺在沙发椅子上与老板商量账目。但对大多数人来说，还是可以利用午休时间小睡一下的。

万一你没有条件睡午觉，那你总得在晚饭前休息 1 小时，这至少比喝一杯酒有价值得多，而且，算一下的话，这要比喝杯酒有效许多倍。你想，在下午五六点左右睡上 1 小时，就意味着，你每天至少又多了 1 小时可以充分利用的时间，这 1 小时加上夜里睡的 6 小时，比你连续睡 8 小时有效得多。

这就是有名的"6 + 1 > 8 定律"。

对于纯体力劳动的人来说，休息次数越多，每天就可以做得越多。贝德汉钢铁公司的科学管理员弗朗西斯·贝利就曾以事实证实了这一点。他观察到，工人每人每天可以往车上装大约 12 吨钢铁，但通常他们在中午的时候就已经精疲力竭了。他对疲劳的原因作了一番仔细的分析，并调整了工人的工作方法，得出一个结论：工人每人每天不应只装 12 吨钢铁，而应是 46 吨钢铁，且还丝毫不会有疲劳感，关键是让工人干 1 小时至少休息 10 分钟。

要重视休息，每个人都应当在不疲劳的情况下做事，拖着疲惫的身体做事，将不会有多大的效果。疲劳的时候就要休息，休息之后再想、再做，效果反而更好。

最佳的工作方法就是，在自己感到疲劳之前先休息，让你每天有更多清醒的时间。

时间里的秘密

时间里有一些秘密，但很多人并不知道，所以在他们看来每天的时间都不够用。为什么出现这样的情况呢？因为对于时间来说，"紧迫性"并不等于"重要性"，两者会对我们做决定时有很大的影响，从而也会影响到个人的成就。改变我们的时间观就是要探讨这些，而这可能是所有节约时间的方法中最重要的一个。

为什么我要这么说呢？请听听我的看法：当你努力工作了一整天，认为自己已经把"待处理事项"里的每一件都做完了，可最后结果却觉得自己没有一点成就感，你是否有过这样的经历？那是因为你当时所做的虽都是紧迫的，可是没有一件是重要的——所谓重要是指会对长期造成重大影响的。相反，你是否曾有过一天内只做了一点点的事情，可却觉得很有成就感的经验呢？那是因为你做的虽然不是很紧迫的事情，可却是非常重要的。

我们的生活似乎一直在被紧迫的事缠绕，处理这种紧迫事情的典型例子，比如去接一通电脑语音的电话时，当你手忙脚乱拿起电话，才发现电话那头的人只不过是要做个调查访问，而有时候你不好意思拒绝。事实上，这样的事情经常发生。每当我们在做一件重要的事情时，电话铃声响了，我们不得不去接听，难道说不去接听就会漏掉什么重要的信息吗？相反，我们本来可以用这个时间去买一本会影响一生的书，结果因为要拆阅一些信件，去给车子加油，要看电视新闻，把看那本书的时间一拖再拖。善用时间，就是好好安排自己每日的时间表，永远把做重要的事排在做紧迫的事之前。

1. 从现在开始，你要学习改变你的时间观

不管什么时候，每当你觉得眼前有很大压力时，立刻停止去想此

刻的压力，而以乐观的心情去想象一下美好的未来。譬如说去想一些未来你正在某个著名海滩漫步的场景，有暖暖的沙子和蔚蓝如天空的大海。这些美景都好像正呈现在你的眼前，你可听到海浪拍打沙滩的声音，也可以感受得到。当然你也可以让自己的思绪回到过去，想一想你的初吻、第一个小孩的出生、与朋友的一次甜蜜交谈，等等。你越是能够快速改变自己的时间观，就越能够不为压力所羁绊，而情绪也越不易逾越常理。

2. 学习如何有技巧地利用时间

比如若是要去做比较耗时间的事，要设法同时做另外一件事，这可缩短你感觉上的时间。很常见的是如果你出远门需要坐飞机或者火车，且路途遥远颇费时间，这时你就可以带上一本书或者一副棋子，看书或和旁边的人一起切磋棋艺。又譬如说当我跑步时，头上总是会带一副耳机，这样可以一边跑，一边听喜欢的音乐，又如当我在步行机上练走时，可能会一边看电视新闻或一边打电话谈事情，这样我就永远不会借口因为有重要事情得办而抽不出时间运动。

3. 做计划

做计划时要按照事情的重要性而非紧迫性列出"待处理事项"的优先顺序表，千万别洋洋洒洒地写上一大堆，这样你就算是全部做完了也不会觉得有什么了不起，要确定列出的是真正重要的，即使项目不多也没关系。如果你做得没错，我可以向你保证，就算是只做了一点点的事，你都会有很大的成就感。

不过，节约时间最有效的方法，我觉得还是要学会吸取别人的经验。要向那些成功人士学习，这样可以省去我们犯错而受苦的时间，这也就是为什么我拼命地看书、听录音带及参加研讨会，这些方法我认为是增长智慧所必需的，不可以轻易错过，因为它是那些成功人士多年累积的宝贵经验。

在节约时间的过程中，有时候，我们会忘记时间对我们心理的影响，好像它并非真如数字那般一是一，二是二，有时候 5 分钟像 1 小时那样长，而又有时候 1 小时就像 5 分钟一样短。我们对某些时间会有特别的感受，这纯粹是我们的意焦所致。譬如说，一段长时间，到底是指多长久呢？这就要看具体情况了。当你排队买东西，10 分钟时间简直就像一辈子，然而谈情说爱 1 个小时，却好像一眨眼便过去了。

　　不过请记得：你越是能够灵活调整自己的时间观，那么就越能妥善取用人生的经验。

有多少时间可以利用

有的人出生没多久就不幸去世，有的人可以活到 100 岁，总体来说，大部分人的生命可以达到 80 多岁，暂以 30000 天（82.4 岁）计，你已用去了多少天？还剩下多少天？

算完之后，如果你年纪已经足够大，你将会有一种沉重的危机感；如果你还小，你可能会沾沾自喜。但是别忘了，这并不是可利用的时间，而只是你拥有的时间。

1. 我们花在吃东西上的时间

假定我们每天用 10 分钟吃早餐，30 分钟吃午餐，20 分钟吃晚餐，整整 1 个小时。如果再加上我们做饭、喝茶、抽烟、吃零食的时间，至少也得 1 个小时。这也就是说，每天我们用在吃上的时间至少要两个钟头，每个星期要用 14 个钟头。这等于说，我们每年差不多有 20 天的时间，全部花在吃东西上面。

仍以 30000 天（82.4 岁）计，我们一生中要把近 7 年（2500 天）的时间花在吃喝上。

2. 我们花在睡眠上的时间

假定我们每晚用 8 个小时睡觉，这等于一天的 1/3。换句话说，我们一生有 1/3 的时间是花在睡觉上面的。以 30000 天（82.4 岁）计，我们一生中将近 24 年（10000 天）是在睡眠中度过的。

我们花在学习上的时间：

一年有 365 天，而星期六和星期天不用上学，每个星期有两天不上学，每个月就是 8 天，一年就是 96 天，只剩下 269 天。这些天里还有许多的节日，至少又要放十几天的假期。还有暑假和寒假，至少也得两个月。

这样一来，只剩下不足 200 天的时间供我们上学学习。

但是，这算得还不对，不要忘了，我们并不是整天上学的，我们每天大概上课 6 个小时。6 个小时只是一天的 1/4。一个学年大约只有 180 天上学，其 1/4 只有 45 天。这也就等于说，我们一年中用于上学的时间仅仅在 45 天左右。

我们一年要用 122 天，也就是 1/3 时间睡觉。这样也可以说，我们小的时候，睡觉的时间是学习时间的 3 倍左右。

这样一算，我们才会发现真正属于自己的可以利用的时间是多么少，所以说，任何人在时间面前都是平等的。

明白了这一点之后，你可以根据自己的情况对工作日和工作/休闲时间略作调整，算一笔时间账。

但无论怎么算，其结果依然是：

个人的时间资本依照人的寿命的不同约为几万个小时！

即使一天工作 10 个小时，一个人在其职业生涯中拥有的工作时间也不到 90000 小时（40 年 ×220 天 ×10 ＝88000 小时）！

把工作时间资本和休闲时间资本合在一起作为总的资本，而且按较高的标准来生活，一个人最多拥有 200000 小时的时间！

到现在你应该能够明白"你一生中最重要的东西，就是你的时间"。

第四代时间管理学

时间管理学经过了四次重大的理论变革。

第一代理论强调利用便条与备忘录，在忙碌中调配时间与精力。这一代理论最大的缺点是：没有"优先"的观念。虽然每做完备忘录上的一件事，会带给人成就感，可是这种成就不一定符合人生的大目标。因此，所完成的只是必要而非重要的事。它是积极的，却是被动的；它是一种良好的习惯，但未必是科学的方法。

第二代理论强调计划与日程表，反映出时间管理已注意到规划未来的重要性。这一代理论使人的自制力和效率都有所提高，能够未雨绸缪，不只是随波逐流，但是对事情仍没有轻重缓急之分。

第三代理论是目前最流行的、讲求优先顺序的观念，也就是依据轻重缓急设定短、中、长期目标，再逐日制订实现目标的计划，将有限的时间、精力加以分配，争取最高的效率。

这一代理论虽然有了很大的进步，讲究价值观与目标，但也有人提出异议，认为过分强调效率，会产生副作用，使人失去增进感情、满足个人需要以及享受意外之喜的机遇；拘泥于逐日规划行事，视野不够开阔，纠缠于急务之中，难免因小失大，降低生活质量。

第四代理论在前三代理论的基础上，兼收并蓄，推陈出新。以原则为重心，配合个人对使命的认知，兼顾重要性与急迫性；注重生命因素的均衡发展；始终把个人精力的焦点放在"重要"的事务上。

如何判断"重要"？重要性与目标息息相关。凡有利于实现目标的事务均重要，越有利于实现核心目标就越重要。

新一代时间管理理论，把事情按紧急和重要的不同程度，分为四类：

第一象限：重要且紧急：需要尽快处理，最优先。

第二象限：重要不紧急：可暂缓，但要引起足够的重视，最应该偏重做的事。

第三象限：紧急不重要：不太重要，但需要尽快处理，可考虑是否安排他人。

第四象限：不重要且不紧急：不重要，而且也不需要尽快处理，可考虑是否不做、委派他人，或推迟。

第一象限代表既"紧迫"又"重要"的事情，比如说处理怒气冲冲的客户的问题、修理出故障的机器、做心脏手术或帮助一个哭哭啼啼的受伤儿童等。我们需要在第一象限投入时间。在这个象限，我们进行管理、创造，需要拿出自己的经验和判断力来应付诸多需要和挑战。我们也需要认识到，很多重要事情之所以变得迫在眉睫，是因为被延误或因为没有进行足够的预防和筹划。

第二象限包括"重要但不紧迫"的事情。这是质量象限。在这个象限，我们进行长期规划、预测和预防问题，通过阅读和不断的专业培养来增长见识、提高技能，设想如何帮助正在奋斗的儿女，为重要的会议和发言做准备，或通过深入坦诚的聆听来进行感情投资。在这个象限多投入时间将提高我们的办事能力。忽视这个象限就会导致第一象限扩大，从而造成压力、筋疲力尽和更深层次的危机。另一方面，对这一象限进行投入将使第一象限缩小。计划、准备和预防可以避免很多事情变成当务之急。

第三象限几乎就是第一象限的幻象，包括"紧迫却不重要的"事情。这是一个蒙蔽象限。紧迫的噪声造成了重要的假象。而实际情况是，这些事情即使重要，也是对别人重要。很多电话、会议和不速之客都属于这一类。我们在第三象限花费很多时间，满足他人优先考虑的事情和期望，却认为自己在干第一象限的事情。

第四象限是留给那些"既不紧迫也不重要的"事情。这是浪费象限。当然，我们根本不应该在这个象限白费时间。但是我们被第一和第三象限折腾得伤痕累累，因此为了生存经常"逃避"到第四象限。第四象限都是什么样的事情？不一定是娱乐，因为作为再创造的真正意义上的娱乐是第二象限值得去做的事情。而沉湎于看轻松的小说、一味地看"没有思想"的电视节目或在办公室的喷泉周围闲聊都属于第四象限浪费时间的事情。第四象限不是生存，而是堕落。开始它可能像吃棉花糖一样给人一种满足感，但我们很快会发现空无一物。

　　建议你对照时间管理矩阵，回想自己过去一周的生活。如果将过去一周所做的事情进行归类，列入所属的象限，你大部分时间花在了哪个象限？

第八章

学会共享资源

导　言

每个人身上都有着巨大的潜能宝藏，你和别人都有。有时候，你不仅仅可以利用自己的潜能，也可以利用别人的潜能。可以说你身边的这些人就是你潜能的延伸。你一个人做不到的事情，因为有朋友，也可以做到。

现在是信息资讯化型社会，有人称这是知识爆炸的社会。

资讯化社会是从工业化社会转换过来的，引发这一转换的不是土地或是资本，而是资讯。在未来激烈的竞争中，谁拥有资讯谁就能成为赢家。

财富大家之所以成功，是因为他们的收入渠道有很多种，既有主动收入，也有被动收入。当然，他们生命中大部分财富都来自于被动收入，而信息是产生被动收入的主要来源。

他们知道两条真理。

第一条真理：拥有多个收入渠道的必要性。聪明的人认识到有必要维护多个收入渠道——不是一个或者两个，而是来自完全不同的多种渠道的收入。比如其中一个渠道"枯竭"了，另一个渠道还有，这也就是信息的灵活性。

第二条真理：沉淀收入的力量。比如，你在银行户头里的资金为你赚取的利息，就是沉淀收入。它会每天 24 小时不断汇入你的户头，而不需要你额外付出任何精力与努力。

关于信息的重要性，在商场上更为突出。

商场上称人际信息为"情报"。一个生意人怎样获得工作上急需的情报呢？最可靠的方法是：①养成读书的习惯；②经常看报；③与人建立良好的关系。生意人最重要的情报来源是"人"，对他们来说，"人的情报"无疑比"铅字情报"重要得多。

越是精明的经营人才，越重视"人的情报"。

有一个电器行业的老板被同行誉为"情报人"。对于情报的汇集他独出心裁，最有趣的是他自创的"情报槽"理论。他说："一般汇集情报，有从人身上、从事物身上两个来源。我主张从人身上加以搜集。如此一来，资料建档之后随时可以活用，对方也随时会有反应，就好像把活鱼放回鱼槽中一样。把情报养在情报槽，它才能随时吸收到足够的营养。"把人的情报比喻成鱼，简直恰如其分。

一位有名的评论家也说："我每一次访问都像烧一条鱼一样，什么样的鱼可以在市场买到，应该怎么烹调最好，我得先弄清楚。"对于生意人来说，从人身上得到情报并及时处理情报，其实和做编辑一样。许多记者都知道，在没有新闻时，设法找个话题和人聊聊。生意人也是如此，也许没有办法随时外出，那就利用电话来向朋友们讨教吧！

一个人思考的时代已经过去了，建立品质优良的情报网，成了决定事业成败的关键。或许你会说"我已经有很多朋友了"，我们这儿所说的"朋友"不是年幼时的朋友、同学或同事就能涵盖的，彼此间的交情也不是建立在快乐和利害关系上。严格一点说，我们所指的朋友应该是人生旅途中可以同舟共济、同患难共甘苦的朋友或工作伙伴。而我们的"情报站"里储存的就是这样的信息。

具备沟通与拓展人脉的能力可以增加经营成果。发明"戴克公开演说法"的戴克就曾说："沟通是一种接触运动。"

敞开胸怀打入人群，并与人分享信息，是个人成功的圆满状况。认识的人越多，获得信息就越快，信息也就越多。广泛的人际关系网络对我们的工作与事业的好处是很多的。

让我们回顾一个洗发水的广告："我告诉了两个人，他们又告诉了另外两个人……"接下来的屏幕便是数不尽的女性，个个拥有漂亮而干净的秀发。

与人沟通、分享资源并建立人际关系网络，不仅使我们有能力管理自己的生活，更让我们能充分享受生活并应付其中的可变情况。在决定选择这条路之前，仔细评估建立人际网络的好处。潜在的好处便是常说的"信息就是力量"，即我们有东西可以与人分享。一方面，我们通过公司的通知、报告与自己所做的研究获得"正式"的信息；另一方面，通过同事、朋友和闲聊与谣言的散播获得的非正式情报，也同等重要。

信息就是财富

当今世界是一个以大量资讯作为基础来开展工作的社会。在商业竞争中，对市场信息尤其是市场关键信息把握的及时性与准确性，对竞争的成败有着特殊的意义。对于个人来说，掌握了最有效、最准确的信息并为己所用，就能为自己创造财富。

我在墨西哥讲课时，有一个学员给我讲了一个他朋友的故事。

格鲁亚曾是墨西哥一家公司的小职员，平时的工作是为老板干一些文书工作，跑跑腿，整理整理报刊材料。这份工作很辛苦，薪水又不高，他时刻琢磨着想办法赚大钱。

有一天，他从报纸上看到这样一条介绍美国商店情况的专题报道，其中有一段提到了自动售货机。上面写道："现在美国各地都大量采用自动售货机来销售货品，这种售货机不需要雇人看守，一天24小时可随时供应商品，而且在任何地方都可以营业，给人们带来了许多方便。可以预料，随着时代的进步，这种新的售货方法会越来越普及，必将被广大的商业企业所采用，消费者也会很快地接受这种方式，前途一片光明。"

格鲁亚开始在这上面动脑筋，他想："现在国内还没有一家公司经营这个项目，将来必然会迈入自动售货的时代。这项生意对于没有什么本钱的人最合适。我何不趁机去经营？至于售货机里的商品，应该搜集一些新奇的东西。"

于是，他就向朋友和亲戚借钱购买自动售货机，共筹到了30万比索，这笔钱对于一个小职员来说可不是一个小数目。他以一台1.5万比索的价格买下了20台售货机，设置在酒吧、剧院、车站等一些公共场所，把一些日用百货、饮料、酒类、报纸杂志放入其中，开始了他的新事业。

　　格鲁亚的这一举措，果然给他带来了大量的财富。当地人第一次见到公共场所的自动售货机，感觉很新鲜，因为只需往里投入硬币，售货机就会自动打开，送出你所需要的东西。一般的，一台售货机只放入一种商品，顾客可按照需要从不同的售货机里买到不同的商品，非常方便。格鲁亚的自动售货机第一个月就为他赚到 100 多万比索。他再把每个月赚的钱投资于自动售货机上，扩大经营规模。5 个月后，格鲁亚不仅连本带利还清了借款，还净赚了近 2000 万比索。

　　正是一条有用的信息，造就了一位新富翁。信息时代，这样的富翁不止格鲁亚一个。因此，我们应当时刻保持对信息的敏感，只有这样才能时刻领先别人一步，成为善于把握信息的能人。

　　不过在接受这些信息的时候一定要注意分辨信息的真假。互联网泛滥的时代，假消息很多。如果被假消息欺骗了，那结果可能很严重，轻则浪费了时间精力，重则被不法分子骗去钱财。所以信息固然很重要，但懂得筛选信息也同样重要。只有筛选对了信息，才能充分激发人身上的潜力。

真正的朋友

作为宇宙万物的起源，宇宙能量非常神奇，它对万物有着无始无终、源源不断的影响。迄今为止，还没有人能完全理解它的实际力量和作用。

这种宇宙力量不仅形成了所有物质，还形成了所有智慧。

一个人的精神力量的运动形式完全取决于他的思维方式，每个人身上都有无穷无尽的潜能，这些潜能取之不尽，用之不竭。然而每个人身上的潜能并非完全相同，有时候我们不仅需要开发自己的潜能，也应该学会利用他人的潜能。这个利用是善意的，当你困难时，你可以依靠它们渡过难关；当你快乐时，也可以把你的能量传递给别人。

于是，你给他们起名为朋友。

患难与共的朋友，才是真正的朋友。而真正的朋友是那种当你遇到困难的时候，能够全力相助的人。在你的人脉中，这种朋友绝对是必不可少的。

法国作家罗曼·罗兰曾说过："得一知己，把你整个的生命交托给他，他也把整个的生命交托给你。终于可以休息了：你睡着的时候，他替你守卫；他睡着的时候，你替他守卫。能保护你所疼爱的人，像小孩子一般信赖你的人，岂不快乐！而更快乐的是倾心相许、剖腹相示，把自己整个儿交给朋友支配。等你老了、累了，多年的人生重负使你感到厌倦的时候，你能够在朋友身上再生，恢复你的青春与朝气，用他的眼睛去体会万象更新的世界，用他的感官去抓住瞬息即逝的美景，用他的眼睛去领略人生的壮美……即便是受苦也是和他一块受苦！只要能生死与共，即便是痛苦也成了快乐！"

真正的友谊要经得起考验，友谊不是某些人的专利，只要怀有一颗真诚的心，将心比心，你就会得到真正友情的回报。能把真诚赠给朋友，你会赢得更多朋友，多一个朋友多一个世界，蓦然回首，你不再是孤寂的独行人。

一个人的智力有限，所考虑的问题免不了有所欠缺，朋友的忠告使你少走了一些弯路；一个人的精力有限，不可能把古往今来人类所创造的专业知识全部掌握，不同专业门类的朋友将帮你扩大知识面；一个人不可能遍游天下名山秀水，居住在美国的朋友会向你谈起纽约的繁华，走过古文明遗址的朋友将跟你谈起金字塔的雄伟。

交朋友要有宽大的胸怀，要有"海纳百川，有容乃大"的精神，要"大腹能容，容天下难容之事"。对朋友不要苛求，更不要过于计较小节，要知道世界上没有十全十美的东西，更没有完人，要求过高，便没有了朋友。但也不能把标准定得太低，不能随便一个人就拉过来当朋友，这样你就可能被品性不好的人拉下水，从而也给你自己带来麻烦。

纪伯伦也曾说过："和你一同笑过的人，你可能把他忘掉；但是和你一同哭过的人，你却永远不会忘记。"

真正的朋友是那种当你遇到困难的时候，能够全力相助的人。

患难时体现出的正义能产生如此巨大的威力，说来不能不令人惊叹。这种朋友就是能够显示自己本色的人，他们没有虚假的面具，能够与你真心交往，与你同甘共苦。这种人肯定不是浅薄之徒，他们有着丰富的精神世界，能帮助你不断地进取，成为你终生的骄傲。

这种靠得住的朋友要深交，因为他们是你人脉中难得的"真金"，是你在拓展人脉时需要重点注意的一类朋友。

渔网上的结

有些事情，人是无法选择的。比如，你无法选择自己的父母，无法选择自己的亲戚，也无法选择自己的出生时间和空间等。但是，一个人长大成人，尤其是经济独立之后，可以自由选择、营造人脉网，结交什么样的朋友，构成什么样的人际关系网络。这是我们最大的自由。

实际上，许多人都囿于个人生活与工作的狭小范围与具体环境的局限，除了自家人和亲戚，还有那么几个同学、同事、朋友和熟人，都是"顺其自然"、被动形成的。许多中年人和老年人大多一直过着"两点一线"的生活，就是几十年如一日地在家庭和工作单位之间来回。如今的青年可不是以前的老古董了，很活泼，天南海北到处都是朋友。但有意识地选择和结交朋友，有意识地建立自己的信誉，经营人际关系的网络的人依然寥寥无几，这是营造人脉网的遗憾。

经常会遇到这样一种场面：在生日宴会上，几个好朋友聚在一起欢天喜地地玩玩闹闹，而旁边会有人只是一声不吭地吃着东西，没有加入到那些人的行列中。这样的人实际上是白白放弃了扩大自己交际圈的好机会。如果能主动争取和别人交流，就会开拓一个自己不了解的崭新世界，也会促进自己的成功。

那么，怎样才能和对方良好地交流呢？有这样一句话："对方的态度是自己的镜子。"在日常的人际交往中，有时自己感觉"他好像很讨厌我"，其实这正是自己讨厌对方的征兆。因此，对方也会察觉到你好像不喜欢他，当然两个人就越来越讨厌彼此了。在出现这种情况的时候，自己要主动与对方交流，主动敞开心扉。

要想营造好的人脉网必须强调主动。一切自卑的、畏首畏尾和犹豫不决的行为，都只能导致人格的萎缩和为人处世的失败。所以，拿破仑说进攻是"使你成为名将和了解战争艺术秘密的唯一方法"。

在生活中，迈科先生十分重视创造与人结识的机会。比如，他刚刚搬到纽约的时候，一天傍晚，他看见邻居家的女主人走了出来，便隔着十几英尺的树丛向对方望，然后非常自然地找到恰当的时机，抬起头，露出笑容，喊一声："你好！"随后，迈科先生便弯腰穿过树丛，到她的后院，开始与她聊起天来。他们就这样认识了，彼此留下电话，约好互相帮助，大家有个照应。

那第一声"你好"是怎么产生的呢？迈科先生认为他们几乎是同时隔着树丛向对方打招呼；迈科先生也相信，他们是一起有意识地走向树丛，为的是与对方结识。

这种彼此心理准备好，主动出击是非常重要的。

道理是这样，但避免不了人们对主动交往产生误解。比如，有的人会认为"先同别人打招呼，显得自己没有身份"，"我这样麻烦别人，他肯定会反感的"，"我又没有和他打过交道，他怎么会帮我的忙呢"，等等。其实，这些都是害人不浅的误解，没有任何可靠的事实能证明其正确性。但是，这些观念实实在在地阻碍着人们，阻碍了人们在交往中采取主动的方式，从而失去了很多结识别人、发展友谊的机会。

当你因为某种担心而不敢主动同别人交往时，最好去实践一下，用事实去证明你的担心是多余的。不断地尝试，会积累你成功的经验，增强你的自信心，使你在工作场合的人际关系越来越好。

朋友，心灵的支点

人与人的关系，从降生到死亡有过无数次大变革。最初来到世上，我们彼此之间都一丝不挂，男女婴儿的区别也只不过那么一处；但是两岁前后，我们的个体意识开始成长，开始趋向于不认可别的孩子，会把别人手里的苹果抢到自己这里，有时我们还与陌生的孩子厮打起来；接着相互团结的社会文化注入我们心里，除了与所有的人保持平和，我们还特意凭借天然的好恶与那些邻居的孩子、夸奖过自己、给过自己糖吃的人，以及比自己有本事的小朋友密切来往；大约六七岁，我们第一次比较明显地以家庭区别每一个人，罪犯、父母关系不正常、穷人的孩子受到歧视，自身有生理缺陷、体质弱智力差的人也受到集体的冷落；到了青春期，男女性别差异增多，12 年来的经历、幻想以及遗传的因素在我们身体里进一步生根发芽，我们不能与异性交朋友，这真是遗憾；到了 14 岁左右，少年之间已明显地分出了交往圈子，有共同志趣的人走到一起；16 岁，我们与父母的距离越来越远；18 岁发现社会和历史有问题；20 岁有了自己相对独立的小世界，至此人与人之间常常隔墙而邻，甚至自己和自己闹别扭，我们在茫茫人海里感到万分孤独。我们需要两种东西安慰心灵的痛苦：一种是爱情，另一种就是友谊。

爱因斯坦说："世间最美好的，莫过于有几个有头脑和心地都很正直的朋友。"有许多曾经被我们一度视为近友的人，由于经不起漫漫岁月的消耗，已经渐渐疏远我们。剩下的一些，有的或许能与我们一同走完生命的长路，有的依旧慢慢地与我们分离。我们理当珍视早年的交情，当年我们不曾把秘而不宣的烦扰和扑朔迷离的壮志告诉父母，却无一保留地说给朋友听；当我们还力不胜任的时候，就曾为了同胞般的情谊而相互提携。凭经验来说，儿时和少年时的友情在人到中年的时候，常常变为手足的关系，这对事业上形成鼎力相助之势以及对人生的快意而言有着无可估量的意义。

失去它是件非常可惜的事情。尽管我们可以摆出许多理由说自己只是出于无奈：性格志趣越来越不相投，对方的缺点越来越多等，但是我们必须在这个问题上注意一个敌人，即那个已经为我们所熟知的顽敌——苛求完美。寻找没有缺点的朋友的人，永远不会有朋友。谁也不可能找到一个和自己步步合拍、一模一样的人。

20 岁到 23 岁，面对更强大的孤独和更复杂的人生，本着现实的宗旨结交一些新朋友就显得同样的重要。这是我们结识真正意义上的朋友的最后三个年头。

培根认为真正的朋友具有三种人生意义：第一是"通心"，他说："你可以服撒尔沙以通肝；服钢以通脾；服硫黄以通肺；服海狸胶以通脑；然而除了一个真正的朋友之外没有一样药剂是可以通心的。"此所谓快乐说给朋友，欢乐从一份倍增为两份；忧愁说给朋友，愁情由一份减半为二分之一留给自己。第二是告诫，即朋友从旁观者的角度时常提醒我们真实的情况是什么，以及我们怎样做更好。第三就是亚里士多德那句至理名言"朋友者另一己身"，也就是朋友们行为上的互助。

24 岁以前的朋友可以做到这些，堪称永远的朋友，可是，这之后的朋友做不到，除非此后我们经历了一段较为特别的遭遇，并在这段落魄时节里得遇知音，就如恩尼乌斯所云："命运不济时才能找到忠实的朋友。"否则，此后的朋友们可能是我们暂时有求于他们，或者他们认为我们身上有利可图而结成的生存同盟。到了我们山穷水尽、渴望雪中送炭的时候，就会发觉他们和早年的知音不一样，他们最多是在我们华丽的锦上添加一朵无足轻重的花。

以前，我们找到的都是与自己性格相近的朋友，因为和他们在一起易于交谈，使人轻松。但到了 22 岁，我们会隐约觉得自己交友的范围太窄了。我们尝试着交一些和自己不太一样的朋友，以便弄清楚自己以外是个什么样子。这些独具特色的朋友扩大了我们的视野，更加明确了我们自己的独立性，而我们自己也通过这种新的尝试变得更解人意和乐于合作了。

这种尝试有利于日后为了事业而结成的功利性友谊的建设，也利于我们提早从心理上扫除模范文化的偏见和博弈论"有胜必有败"的狭隘竞争观。斗争需要艺术性、丰富性和谈判双方互益的合作性。许多人事业上的失败和世界观的狭隘，主要是一直缺少和自己不一样的朋友的缘故。

除了恋人之外，我们有了其他异性朋友；我们有了年龄或者比自己小或者比自己大的忘年之交，以打通时间的隔墙；我们有了更多的海外朋友，知道了外面的世界很精彩。这时朋友们构成的总体已不仅仅是"另一己身"，它代表着社会和人性各个不同的层面。

朋友越多，我们对于世界的理解就越全面丰富，对信息的感知就越快速灵敏，生存能力也就越强，成功的指数也就越高。

第九章
创新的品质

导 言

创新能力其实是人的本能之一，它就潜伏在人的身体里。它是一种最高的力量，或许你对这种力量没有任何概念，但你会梦到它。创新能力是所有人都具备的能力。那些被认为是有创新能力的人所拥有的创造力，其实只比你多了那么一点。创新如此平常又如此重要，可是对于一个无法意识到自己具有强大创新潜能的人来说，创新只发生在别人身上。

潜能是生命的自然资源，有无形的一面，也有有形的一面；有整体性的，也有局部性的。无形的，如第六感官、遥感等；有形的，如手捏脚踢；整体性的，如心的感知和情感能力，机体的整体反应；局部性的，如耳朵的特别听力、眼睛的特别视力等。

更多的潜能是通过你的创新行动发挥出来。

我在一堂课上曾提及过米兰多拉的一句话："我们并未给你建造出天堂，也未建造出人间，更未建造出朽与不朽，因此你要运用选择的自由和光荣，把自己当成一个雕塑自己的工匠，尽可能雕塑出自己喜欢的样式。你将拥有想象不到的判断能力，使自己重生成更高层次的生命，那个神圣的生命。"

在人生的路途中，每个人都会遇到各种各样的棘手难题。这时，你会怎么做呢？是逃避，还是迎难而上？在解决难题的过程中，你是一味埋头向前冲，还是寻找巧妙的方法、快捷的途径？

我们来看一个发生在法国化学公司里的小故事吧。

日本某化学公司的参观团来到法国某著名化学公司参观，这让这家公司的主管们不由得紧张起来。

因为在他们看来，日本人十分狡猾，他们到哪里参观就会偷走哪里的核心技术。那些被参观的公司在不知不觉之中，为自己培养了竞争对手。

但是，这次参观是上面洽谈好的，他们以这种理由拒绝是不可能的。于是他们就作出了一个规定，不让日本参观人员碰任何车间的东西。

日本参观团人员很快同意了这个条件。

参观那天，开始很顺利。突然，一个冒冒失失的日本人一低头把自己的领带掉入化学试剂之中。他慌忙说："对不起！我太冒失了。"

一个法方的陪同员工看出了这个日本人的目的，他想用这种方法带走化学试剂。

陪同人员心里不免感叹道：日本人太奸诈了。但现在的紧急情况是：怎样才能不让那个日本人带走珍贵的化学试剂呢？

强行让那个人摘下领带，显然是行不通的，而且还会给公司带来不好的影响；但不摘，公司蒙受的损失将是巨大的。

突然，他灵机一动，找来一条崭新的领带，走上前去说：

"先生，您的领带脏了，现在我代表我们公司送您一条新的，把您那条换下来，我洗干净了再还给您。"

那个日本人不得不换下了自己的领带。

这个具有创新思维的法国员工，用换领带的办法保住了公司的核心技术，也让客人保全了面子。

任何难题在善于创新的人眼里都不是难题，他们一定会找到解决的办法，一定会用创新的思维找到解决难题的突破口。

如果你具备了创新的思维，掌握了创新的方法，一切难题都会迎刃而解，你也会成为解决问题的高手。

世界万物的内在属性都包含在普遍适用的法则中，当一个人用心思考，用创新的思维方式去解决遇到的问题时，他的内心活动就体现在外部世界中，外部世界的体现形式与他的内心活动互相呼应。

此时的你非彼时的你，因为你在不断创新。不断创新，让你解决问题的能力越来越强。

不断创新，成功就会降临

不断创新，成功就会降临到你的身上。如果你一直守成不变，那你永远也不可能成功。

印度有一家技术公司，公司上层发现员工一个个萎靡不振，面带菜色。经咨询多方专家后，他们采纳了一个简单而别致的治疗方法——在公司后院中用圆滑光润的 800 个小石子铺成一条石子小道。每天上午和下午分别抽出 15 分钟时间，让员工脱掉鞋在石子小道上随意行走散步。起初，员工们觉得很好笑，更有许多人觉得在众人面前赤足很难为情，但时间一久，大家便发现了它的好处，原来这是极具医学原理的物理疗法，起到了一种按摩作用。

一个年轻人看了这则故事，深受启发。他请专业人士指点，选取了一种略带弹性的塑胶垫，将其截成长方形，然后带着它回到老家。老家的小河滩上全是光洁漂亮的小石子。在石料厂将这些拣选好的小石子一分为二，一粒粒疏密有致地粘满胶垫。干透后，他先上去反复试验感觉，反复修改了好几次后，确定了样品，然后就在家乡开始批量生产。后来，他又把它们确定为好几个规格，产品一生产出来，他便尽快将产品鉴定书等手续一应办齐，然后在一周之内就让能代销的商店全部上了货。将产品送进商店只完成了销售工作的一半，另一半则是要把这些产品送进顾客手里。随后的半个月内，他每天都派人去做免费推介员。商店的代销稳定后，他又开拓了一项上门服务：为大型公司在后院铺设石子小道；为幼儿园、小学在操场边铺设石子乐园；为家庭装铺室内石子过道、石子浴室地板、石子健身阳台等。一块本不起眼的地方，一经装饰便成了一块小小的乐园。

紧接着，他将单一的石子变换为多种多样的材料，如七彩的塑料、珍贵的玉石，以满足不同人士的需要。800 粒小石子就此铺就了一个人的一条赚钱之路。

年轻人通过简单的创新走上了致富的道路。人们知道了创新的重要性，有人问："为什么要不断创新？"创新当然不是一劳永逸的。"变化太快了！"这是当代人的共同感受。许多企业倒闭的速度正像许多企业发展的速度一样惊人。

还是那句话，过去不等于未来。过去不成功，不等于未来不成功；同样，过去成功不等于未来也成功。

因此，只有不断创新，才能持续成功。随着互联网用户的增多，其经济应用价值也应运而生，各种商业、金融机构、产业部门纷纷"入网"，以传递、获取商业信息。更有甚者，充分利用互联网络所形成的全球信息网空间，足不出户，便开创出许多全新的经营方式或全球商业活动，如电子广告网上销售、网络购物中心、网络银行、电子报刊、网络图书馆等。加上与互联网络建设相关的信息产业和应用互联网络的通信产业，一种全新的"网络经济"出现了。据美国商务部统计，2002 年仅网上商业交易额就超过 3000 亿美元。

对此，专家敏锐地指出：信息革命将成为人类史上最广泛、最深刻的一次社会革命。它不但重新塑造宏观的"上层建筑"，如军事、政治、经济、文化等，也重新塑造着个人的生活方式、娱乐休闲方式和消费方式。轻轻一按鼠标，就可随心所欲地在网上观赏、阅读、购物、支付、访问、交谈、学习、就医、开会。

"互联网将进入每个人的衣袋中。"诺基亚总裁在 1999 年《财富》论坛上海年会上，用珍贵的 90 秒钟发言时间，掷地有声地道出了网络未来发展的方向。

不要担心自己没有创新能力，创新能力与其他能力一样，是可以通过教育、训练而激发出来并在实践中不断得到提高的。它是人类共有的可开发的财富，是取之不尽、用之不竭的"能源"，并非为哪个人、哪个民族、哪个国家所专有。因此，人人都能创新。

你现在需要做的就是要不断激发自己的创新能力，多一些想法，多一些创造。那么成功迟早会来临。

挣脱自我设限的牢笼

　　科学家做过一个实验：把跳蚤放在桌子上，然后一拍桌子，跳蚤条件反射地跳起来，跳得很高。然后科学家在桌子的上方放一块玻璃罩后，再拍桌子，跳蚤再跳撞到了玻璃。跳蚤发现有障碍，就开始调整自己的高度。科学家把玻璃罩往下压，然后再拍桌子；跳蚤再跳上去，再撞上去，再调整高度。就这样，科学家不断地调整玻璃罩的高度，跳蚤就不断地撞上去，不断地调整高度。直到玻璃罩与桌子高度几乎相平。这时，把玻璃罩拿开，再拍桌子，跳蚤已经不会跳了，变成了"爬蚤"。

　　跳蚤之所以变成"爬蚤"，并不是因为它丧失了跳跃能力，而是由于一次次受挫学乖了。它为自己设了一个限，认为自己永远也跳不出去，后来尽管玻璃罩已经不存在了，但玻璃罩已经"罩"在它的潜意识里，变得根深蒂固。行动的欲望和潜能被固定的心态扼杀了，它认为自己永远丧失了跳跃的能力。这也就是我们所说的"自我设限"。

　　你是否也有类似的遭遇？生活中，一次次受挫、碰壁后，奋发的热情、欲望就被"自我设限"压制、扼杀了。对失败惶恐不安，却又习以为常，丧失了信心和勇气，渐渐养成了懦弱、犹豫、害怕承担责任、不思进取、不敢拼搏的习惯，成为你内心的一种限制。

　　一旦有了这样的习惯，你将畏首畏尾，不敢尝试和创新，随波逐流，与生俱来的成功火种也就随之熄灭了。

　　要挣脱自我设限，关键在自己。西方有句谚语说得好："上帝只拯救能够自救的人。"成功属于愿意成功的人。如果你不想去突破，挣脱固有想法对你的限制，那么，没有人可以帮助你。不论你过去怎样，只要你调整心态、明确目标，乐观积极地去行动，那么你就能够扭转劣势，更好地成长。

丹尼斯加入某保险公司快一年了，他始终忘不了工作第一天打的第一个电话。当他热情地拨通电话，联络自己的第一个客户时，没想到他刚说明了自己的身份，对方就非常生硬地打断了他的话，不但拒绝了他的推销，更是将他骂了一顿，声称自己身体很好，不需要什么保险。从那以后，再打电话推销时，丹尼斯心中便有了阴影，说话没有任何立场，讲解吞吞吐吐，自然没有人愿意向他买保险。心里的阴影越来越大，他甚至不再愿意去摸电话。工作近一年的时间，他一份保单都没有签成。他开始想，自己或许并不适合这份工作，自己的口才不好，没有打动别人的能力，他灰心极了。经理鼓励他，没有谁注定会成功，也没有人会一直失败。听了经理的话，丹尼斯鼓足勇气，决定搏一搏。丹尼斯找出一个曾经联系过却被拒绝的客户的资料，仔细研究对方的需要，选择了一份适合对方的险种。一切准备妥当后，他拨通了对方的电话，他的自信和真诚打动了对方，对方买下了他推销的保险。丹尼斯终于打破了自我设限，尝到了成功的滋味。

其实，自我设限远远没有你想象的那样恐怖，更不是牢不可破的。只要摒弃固有的想法，尝试着重新开始，你便会对以前的忧虑和消极的态度报以自嘲。

形成创新思维的习惯

我曾问过一个学员："为什么有那么多人不能拯救自己，始终陷入痛苦的挣扎中呢？答案就是他们有健康的身体，却无健康的大脑，没有认真思考的能力，完全不能根据自身条件和时机寻找一条有创意的道路。创新思考是你在百般无奈时、沉思默想时的意外发现，是一种细致的观察，是一种才智的爆发！"

生活中，思考创新更是不可缺少的。以求职为例，职业具有多样性，给每个求职者提供了可能。那种认为只有一种职业适合自己的观点，肯定是错误的，因为它本来就缺少创意，仅仅是一种不愿努力改变自身被动状态的懒惰心理而已。

一位教授说过："考试的时候，你们把我讲的内容全部复述出来，最多也只能得'良'，我要的是你们自己的思想。"这种学术上的包容开拓了学生的思维，影响到他们的学生时代，而且对他们日后的工作思路和方法是一个启迪、一份宝贵的思想财富。

如果你想成功，一定要养成思考创新的习惯，因为它是成大事的催化剂。你要不停地思考，在学习前人优秀的东西的同时，要用创新思考的习惯，突破前人的束缚，突破这张网。

18 世纪，化学界流行"燃素学"。这种认为物体能燃烧是由于物体内含有燃素的错误学说，严重束缚了人们的思想，许多科学家都积极寻找燃素，没有一个人对此表示怀疑。瑞典化学家舍勒也是热衷于寻找燃素的人，他从硝酸盐、碳酸盐的实验中，得到了一种气体，实际上就是氧气。但他以为自己找到了燃素，命名为"火气"，并解释为火与热是火气与燃素结合的产物。舍勒如果不受"燃素说"的影响，当时就得到了氧气的发现权。英国人普利斯特在实验中也得到了氧气，可是也因为笃信"燃素说"，而把氧气说成"脱燃素的空气"，遭到了和舍勒同样的命运。

后来，普利斯特把加热氧化汞取得"脱燃素的空气"的实验告诉了拉瓦锡。拉瓦锡却未从众，他不受"燃素说"的束缚，大胆地提出怀疑，经过分析，终于取得了氧气的发现权，使化学理论进入了一个新的时期。

要善于思考、敢于否定前人，培养提出问题的能力。学习新知识，不能完全依靠老师，也不能盲目迷信书本，应勇于质疑。勇于提出问题，这是一种可贵的探索求知精神，也是创造的萌芽。由于知识的继承性，在每个人的头脑里都容易形成一些比较固定的概念，当某些经验与这些概念发生冲突时，惊奇就开始产生，问题也开始出现。而人们摆脱"惊奇"和消除疑问的愿望，构成了创新的最初冲动，因此"提出问题"是创新的重要前提。

多少年来，不知有多少人为创新向历史发出了挑战，或许人们已经把他们的容貌淡忘了，但他们对历史作出的贡献影响了一代又一代的人。你应把创新作为自己思考的特质之一，努力地成就自己的事业。

运用逆向思维

人们想问题，一般都是顺着想，也就是按照某种常情、常理、常规去想，或者遵循事物的某种客观顺序去想，比如从前到后、从大到小、从上到下、从近到远等。

顺着想，容易找到思考的切入点，思考的效率会比较高，人与人之间也会比较容易互相理解、沟通。这是人类自古以来就运用的一种思考方法。

逆向思维通常就是我们所说的倒过来想。倒过来想指的是将顺着想的思路加以颠倒，它的具体形式多种多样。倒过来想的作用在于，能使我们注意和思考顺着想想不到，或者容易忽略的问题的另一端、另一点、另一面。这样就有助于我们更全面、更深入地思考问题，特别是有助于我们形成新的看法，产生新的设想。

无论你思考的是哪个方面的问题，按照常规思路去思考，大家都懂，大家都会，因此也就早有很多人那样想过了。如果你不满足于只是重复别人的思路，不满足于只是停留在别人已经达到的高度，而要有新的突破、新的创造，那就有必要在按照常规思路进行了一定思考，再沿着非常规的思路去想想。其中也包括，在顺着想了以后，再倒过来想一想。

日本丰田汽车公司的创始人丰田喜一郎说过这样的话："如果认为我取得了一点成功的话，那是因为我对什么问题都倒过来思考。"

火箭本来是以"往上发射"的方式起作用，苏联工程师米哈伊尔却倒过来想，终于在1968年设计、研制成功了"往下发射"的钻井火箭。后来他在此基础上与他人合作，又研制出了寒冰层火箭、穿岩石火箭等。人们把这些向下发射的火箭统称为钻地火箭。这些钻地火箭的重量，只有一般起同样作用的钻地机械重量的1/17，能耗可减少2/

3，效率能提高 5～8 倍。科技界把钻地火箭的发明视为引起了一场"穿地手段"的革命。

原来的破冰船起作用的方式都是由上向下压，后来科学家们倒过来想，研制出了潜水破冰船，这种破冰船将"由上向下压"改为"从下往上顶"，既提高了破冰效率，又减少了动力消耗。

法国微生物学家巴斯德通过研究，证实了细菌可以在高温下被杀死，食物可以煮沸以后保存。英国科学家汤姆逊倒过来思考，推想细菌也可能在低温下杀死或使其停止活动，食物也可以通过冷却过程加以保存。深入研究后，他终于发明了冷藏新工艺。能巧妙地利用逆向思维观察研究，对创新大有益处。

精益求精，日益更新，这种精神能够在人与人之间相互感染。如果领导人有这种精神，他的下属也会被这种精神感染，努力谋求工作的创新。

一个要想谋求事业创新的人，必须经常同外界接触；必须常去参观、拜访同业的商店、展览会，以及其他种种可以使他有机遇得到经营新方法、新观念的地方；必须在他事业的血管中，注入新的血液。

如果你对你的行业很熟悉，你的思路自然就能打开，不论是正向思维还是逆向思维对于你而言都不是困难的事情。

逆向思维也不过是熟能生巧后信手拈来的思考方式。

第十章

合作让你变得强大

导 言

　　沟通与合作都是很重要的事情，没有沟通我们经常会误解他人。你把你的想法告诉别人，不管那是爱、友谊还是事业，真诚的沟通可以促使你们长久合作，也能将误会在第一时间消除。一堆沙子是松散的，可是它和水泥、石子、水混合后，却比花岗岩还坚硬。有时候，尽管每个人都身怀绝技，但是谁也不能很好地生存下去，就是因为缺少合作。只有在一个统一的平台上，分工协作，才能将各自的优势发挥出来，将弱点黯淡下去，才可能成就一番事业。

　　一个出色的球队，并不是几个大腕球星就能支撑起来的，取得好成绩还需要一个好教练，需要提供大量资金的老板，需要坚实稳定的替补球员。

　　芝加哥公牛队的辉煌和没落正说明了这一点。乔丹、皮彭以及当年公牛队的其他成员解散后，各自都没有什么太好的表现，只有他们在一起的时候，才能创造三连冠的神话。

　　卢瑟福说："科学家不是依赖于个人的思想，而是综合了几千人的智慧，所有的人想一个问题，并且每人做一部分工作，添加到正建立起来的伟大知识大厦之中。"

　　一家企业招聘中层管理人员，12 名优秀的应聘者经过初试，从上百人中脱颖而出，进入由公司经理把关的复试。

　　经理看过这 12 个人详细的资料和初试成绩后，相当满意。但是，此次招聘只能录取 4 个人，所以，经理给大家出了最后一道题。经理把这 12 个人随机分成甲、乙、丙三组，指定甲组的 4 个人去调查本市婴儿用品市场，乙组的 4 个人调查妇女用品市场，丙组的 4 个人调查老年人用品市场。经理解释说："我们录取的人是用来开发市场的，所以，你们必须对市场有敏锐的观察力。让大家调查这些行业，是想看看大家对一个新行业的适应能力，每个小组的成员务必全力以赴！"临走的时候，经理补充道："为避免大家盲目开展调查，我已经叫秘书准备了一份相关行业的资料，走的时候自己到秘书那里去取！"

3 天后，12 个人都把自己的市场分析报告送到了经理那里。经理看完后，站起身来，走向丙组的 4 个人，分别与之一一握手，并祝贺道："恭喜 4 位，你们已经被本公司录取了！"经理看到大家疑惑的表情，呵呵一笑，说："请大家打开我叫秘书给你们的资料，互相看看。"原来，每个人得到的资料都不一样，甲组的 4 个人得到的分别是本市婴儿用品市场过去、现在和将来的分析，其他两组的也类似。经理说："丙组的 4 个人很聪明，互相借用了对方的资料，补全了自己的分析报告。而甲、乙两组的 8 个人却分别行事，抛开队友，各干各的。我出这样一个题目，其实最主要的目的是想看看大家的团队合作意识。甲、乙两组失败的原因在于，没有合作，忽视了队友的存在。要知道，团队合作精神才是现代企业成功的保障！"

现代社会是一个崇尚分工合作的社会，一个人的能力再强，也不能包打天下，对于个人来讲，明智且能获得成功的捷径就是充分利用团队的力量。

我的一个朋友在美国开了一家公司，我曾经问他："你是乐意雇用一个天才，但是非常自负不肯听他人意见，还是乐意雇用一个踏实但是没什么创意的人？"我的朋友说："如果一个人是天才，但其团队合作精神比较差，这样的人我们不要。我的公司以前有很多年轻聪明的人才，但团队精神不够，所以每个简单的程序都能编得很好，但编大型程序就不行了。微软开发 Windows XP 时有 500 名工程师奋斗了两年，有 5000 万行编码。软件开发需要协调不同类型、不同性格的人员共同奋斗，缺乏领军型的人才、缺乏合作精神是难以成功的。"

随着社会的进步和发展，独行侠的时代已经结束，互助合作已经成为当代人的共识，要适应未来社会的发展就必须树立团队合作的意识，摒弃不合时宜的个人主义。

非信任不合作

我们要与别人合作，一个基础就是要守信用。假如甲有管理才能，乙有一笔资金，有了这两个条件，两人就有合作可能。但是两人未必能合作成功，还必须有一个信任关系。比如甲拿了钱，得让乙相信他不会挪作他用，更不会逃之夭夭。所以我们最早的信贷关系是发生在本家族之内，需要有可靠的保人。

守信之人，别人就愿意与他合作。有一个美国孩子，父亲早逝。父亲去世时留下了一堆债务。若按常规，欠债人已去，把他的商品拍卖分掉，债务差不多也就算了。但是这孩子一一拜访债主，希望他们宽限自己，并保证父亲留下的债务会分文不少地还掉。后来这孩子果然历20年之功，把父亲留下的债务，连本带息、分文不落地还了。周围的人都非常感动，知道他是一个可靠之人，也就都非常愿意和他做生意。结果他不但博得了别人的合作，也赢得了他人的尊敬。

与人合作，守信是第一大原则。守信，会使人对你产生敬意，也会使人愿意公平地与你合作。和一个不守信用的人合作，考虑到有失信的危险，人们通常会把合作的费用提高，以防万一。比如你是一个信用程度不高的人，那你要拉别人的货物，一般是要先付款。但是如果别人知道你很讲信用，或者另一个商界同行出面说你非常可信，那么打交道的对方就可能很放心地让你把货先拉走，卖完货后再付款。一个要占用大量资金，另一个几乎等于白手赚钱，这中间的出入，就是信用的价值。

当然，有人会说："在商场上，我守信用，而别人不守信用，结果不是与我也不守信用一样吗？"

人们都是愿意合作的。从理智分析讲，每个人都在算计自己的利益，最佳的选择是背信弃义，随时见好就走。但是这样一来，人与人之间合作不成，这种最佳选择就成了短视。

所以人们实际上总选择信守诺言而不选择背信弃义。理智的算计和生活的实际之间存在着一个差异。这个差异，理性本身不能完全充分地解释。

美国科学家发现，理论上，无论经过多少次博弈，人类行为合作的概率与不合作的概率总是近似相等的。但他们通过实际调查发现，一旦有了一次或数次进行合作的良好回忆，在后来的博弈过程中，参与合作的双方总会依靠记忆来主动寻找善于合作的伙伴。这一点可以称作路径依赖。

曾经帮助过你的人，你会把他牢记在心里。下一次见面时，你会一下子认出他。你和他之间再次合作的可能性非常大。擦肩而过的人，你和他之间没有任何瓜葛，过去了就过去了，就算再次见面，也是谁也认不出谁。曾经背信弃义的人，你也会对他印象深刻。下次见面时，你也会一下子认出他来。但是你对他充满戒备和冷漠，你们之间合作的可能性还不如你与陌生人之间合作的可能性大。

正是在这样的淘汰选择中，你逐步认识了许多愿意合作的人，并把他们列入自己的朋友圈，逐步形成一个合作协进的氛围。

一位心理学教授曾和自己的学生做过这样一个实验。他让同学们前后站成两排，然后命令后一排的同学做好救助准备，待他喊了"开始"之后，前一排同学就往后一排相对位置的同学身上倒，他说："前面的同学别有顾虑，要尽力往后倒。好，开始！"

前排的同学们只是觉得有些好玩，他们按照心理学教授的指令，身子一点点向后倾斜，但是，大家明显地暗自掌握着身体的平衡，并不敢一下子把自己全部倒在后排人的身上。

可是，这里面有个例外——一位男生在听到心理学教授的指令之后，紧紧地闭上了双眼，十分真实地向后面倒去。他的搭档是一位小巧玲珑的女生，当她感到他毫不掺假地倒过来时，先是微微一愣，接着就倾尽全力去抱住他。看得出来，她有些力不从心，但倔强地抿紧了双唇，誓死也要撑起他……她成功了。

心理学教授笑着去握他和她的手，告诉大家说："他俩是这次实验中表现最为出色的人。这位男生为大家表演了'信赖'——信赖是什么呢？信赖就是去除心中的猜疑和顾忌，完全地相信别人。这位女生为大家展示的则是'值得信赖'——值得信赖，其实是信赖催开的一朵花，如果信赖的春风吝于吹送，那么，这朵花就有可能遗憾地夭折在花苞之中，永远也别想获取绽放的权利。当然，如果信赖的春风吹得温暖、吹得和畅，那么，被信赖的人就被注入了一种神奇的力量——就像你们看到的那样，一个弱不禁风的女生可以扶起一个虎背熊腰的男生，一只充满了爱意的手可以托举起一个美丽多彩的世界。同学们，值得信赖是幸福的，而信赖他人是高尚的。让我们先试着做高尚的人，然后再去做幸福的人吧！"

人人都厌恶虚伪和欺骗，向往人与人之间的真诚与信任。信任是人们交往与合作的前提，也是我们社会得以有秩序、和谐运转的前提。如果你仔细观察我们周围的人和事，并且把人们对他人的信任程度与他人在生活中的成功大小相比较，你就会发现，那些老实人，那些涉世不深的人，那些认为别人都像自己一样诚实的人，比疑心重重的人生活得更加美满、更加充实。即使他们偶尔受骗，也同样比那些谁也不信的人幸福。

人活在世上需要信任别人，犹如需要空气和水。我们如果不信任别人，就无法与别人坦诚地交往，更别提相互合作了。

相互理解，合作的前提

你现在的存在形式是由无数个人特征、特性、习惯和性格特点决定的，这些都是你以往思维方式的结果，但是它们与真正的"自我"毫无关系。

大多数人都有自私的念头，这是不成熟思想的必然表现。当一个人成熟时，就会理解每个人自私的想法中都孕育着失败的种子。

一个人，如果足够成熟，他就会明白，在任何交易中，每个关联者都必须从中受益，任何企图利用他人的弱点、无知和危机来谋取利益的人，最终都会作法自毙。

这是因为每个人都是这个世界的一部分，一部分不能通过伤害其他部分来获利，相反，每一部分的幸福取决于对整体利益的尊重。

那些认识到这个法则的人将具有极大的心理优势。他们不会被琐碎的事情搞得焦头烂额，他们总是能心平气和，他们能随时专注于自己的目标，不把时间和金钱浪费在其他事情上。

如果你做不到和他们一样，那是因为你付出的努力还不够，现在开始努力，为时不晚。为了强化你的意志，正视你自己的潜能，你必须时刻提醒自己：我想成为什么样的人，我就能成为什么样的人。

每个人的性格、习惯都不尽相同，团队中的成员更是如此。大家有着共同的目标，却有着不同的行事习惯和风格，彼此间往往会有诸多或大或小的摩擦，要想与合作对象顺利地达到目标，就要巧妙地把握合作尺度。记住：相互包容是合作的前提。

一个宽容的人，能够对那些在意见、习惯和信仰方面与自己不同的人表示友好与接受。宽容最能够表现一个人的耐心、谦恭、明智与深谋远虑，通过敞开心胸接受新观念和新资讯，往往可以使自己的知识更丰富，个性更完善，更具想象力。如果一个人只会封闭自己，那就无法接触到更多的信息，以及思想的不同层面。如果我们反过来，乐于接受新观念，乐于对不同的声音表现出容忍、谅解与友善，那么我们就能不断地提升思维能力。

在发现由此引发的一些矛盾后，又能以宽容为怀，化解矛盾，这种思考既保证了自己队伍中骨干积极性的发挥，又能做到队伍的基本稳定，的确是高明之举。人与人之间有时候因为某些利益方面的问题而产生矛盾，在矛盾面前，若能够有较大的气量，以宽容的态度去对待别人，将心比心，就会在时间的推移过程中，逐渐改变对方的态度，使得矛盾得到缓和。一旦与他人产生矛盾，受到他人的错误对待，应该有"单恋"的精神。不因对方对待自己态度上有错而改变自己最初的热情和真诚，始终不渝地以友好的方式对待对方。有了这种"单恋"的态度，便能唤起对方的醒悟与行动反馈。这是有道理的。要与他人很好地合作，就必须做到不苛求合作者（当然，这并不是说对合作者无原则地迁就），不吹毛求疵，多一点宽容和忍让，做到勿以小恶弃人大美，勿以小恶忘人大恩，让合作者感到他工作的环境和谐、融洽，这样合作就能牢固、长久。

相互包容可以使人去除芥蒂与隔阂，以更坦荡的胸怀面对彼此；相互包容可以促进大家的合作，使合作的效益达到最大化。

合作就要相互包容，在合作中发现他人的优点和长处，将之吸收过来，转变为自己的优势，并将这一优势发挥得淋漓尽致。

与难相处的人沟通

你想跟别人建立感情，首先要做的一件事情是让对方知道你有什么想法和看法，同时也尽力去了解对方的看法。不过，在与人交往的过程中，你会遇到各种各样难相处的人，怎样同他们进行沟通呢？下面的建议对你会有很大帮助。

1. 面对脾气火暴者

脾气火暴者是指那些暴躁易怒的人，这种人对于自己看不顺眼或自认不及自己的人，均认为应该给予一番教训，于是大声训斥对方，且态度恶劣、动作粗暴，对人极尽羞辱之能事，宛如父母在教训孩子一般。不过，这种难缠人物发脾气的时间通常极为短暂，他们如同狂风暴雨般地宣泄愤怒过后，就会恢复以合理的行为对待别人。

当火暴类型者开始对你发怒时，你应立即把一只手举起，手掌向着对方，就如交通警察截停来车一般，同时口中喊出："停！"要知道，火暴类型者之所以发怒，通常是因为他们感受到威胁，而大声吼叫正是他们调理情绪的一种方式。你把手掌举起，是一种不具威胁意味的动作，有助于让他们改变方式与你交谈。相反，若是你用手指指着对方，他们极可能感觉你企图向他们挑战，这无疑是火上浇油，导致他们的难缠行为越加失控。

当火暴类型者停止发作后，应给予对方一些调整情绪的时间，不久，他们将会聆听你说话，并把焦点置于问题本身，采取成人对成人的方式与你共同讨论。

2. 面对独断专行者

独断专行者经常表现出对别人充满敌意及侵略性的行为，他们就如坦克车一般，对于阻挡自己去路的障碍，都会加以摧毁，并一碾而过。他们利用自己高于别人的权力来威胁别人，逼迫别人接受不平等的条件。这种人往往权高位重，担负着重要的职务，否则就没有人愿意与他们共同处理事项了。在沟通、谈判场合中，你若过于顺从这种类型的人，所达成的协议必然是"输—赢"的形式，你自是输的一方。想要避免这种结果，你必须向对方解释，在工作场合中，上下阶层人员间的健全关系应建立在"赢—赢"的形式之上，并提供一些例子作为说明，了解对方的上司是否也使用权力来压迫对方。随后，把讨论重点放在双方关心的问题上，同时强调对方此种"赢—输"的做法势必导致"输—输"的结果。最后，双方共同研究解决之道。

因此，当别人对你的要求有欠公平、合理时，你无须表明你无法接受，正如对方换成自己时，也将不会答应。同时，向对方解释"赢—输"的方式最终将使得双方都成为输家。一般说来，独断专行者均能接受这番解释，亦往往会改为较公平合理的态度。相反，如果你向他屈服，那么对方日后对待你的难缠行径必将变本加厉，直到你终因无法忍受而逃之夭夭。

3. 面对虚伪高傲者

虚伪高傲者总是追求片刻的荣耀，而没有其他渴求。自己骄傲自大、摆架子，也无非是将"自我"抬高。对此，只要我们顾全他的虚荣心，即使他得到的是失败，也不会认为是件多么了不起的事。如果这种爱虚荣的观念在他的脑海里根深蒂固，他那种渴求人家颂扬的心理就会迫不及待。别人对他颂扬和诙媚，对他来讲简直是不能抵抗的。这种人因过分地注重、珍视虚荣，养成了一种十分幼稚的习惯。内心既然有过分的虚荣，外部就难免夸夸其谈，他在夸耀自己的同时，必然表露和证明了他种种特殊的弱点。

我们对于虚伪、高傲的人，应将他各方面的表现综合起来，加以品评、判断，以明了他的真实情况。这样做很有益处：一方面可以免除我们的失望，另一方面也阻止他人的不良动机得逞，妨碍我们的事业。

4. 面对城府极深者

城府较深的人，总是不愿让别人轻易了解其心思，知道其在想什么，有什么要求，而总是通过各种方式保护自己，是深藏不露的人。

这种人往往说话不着边际，对任何问题都不作明确的表示，经常是含糊其辞，甚至顾左右而言他。和这种人打交道，常常是很难沟通的。由于很难知道他们真实的想法，所以人们往往也不愿把自己的内心向他们敞开，甚至对他们有所防备。

城府极深的人，通常有以下几种情况：

首先，他可能是一个工于心计的人，这种人为了与别人打交道时获得主动，或者出于某种目的不愿让别人了解自己，而把自己保护起来。这种人总希望更多地了解对方，从而在各种矛盾关系中周旋，使自己立于不败之地。其次，他也可能是一个曾经有过挫折和打击，并受过伤害的人。过去的经历使这种人对社会、对别人有一种十分强烈的敌视态度，从而对自己采取更多的保护。最后，他可能对某些事情缺乏了解，拿不出有价值的意见。在这种情况下，他为了掩饰自己的无知，从而以一种不置可否的方式、含糊其辞的语气与人交往，并装出一副城府很深的样子。

显然，对于第一种人，你应该有所防范，警惕不要被其利用，并成为其的工具，不要让其了解你的底细。对第二种人，则应该坦诚相见、以诚感人。这种人并不是想害人，而是为了防人。所以，你对他不应有什么防范，为了达到沟通的目的，甚至可以毫无保留地对他敞开你的心扉。对第三种人则不要有什么太高的期望，也不必要求他提供某种看法或判断。

总之，对某些城府较深的人，如果你不得不与之打交道，则应该真正对他们加以区分，看其属于哪一类人，然后确定自己的沟通方式。

口才需要充电

表达能力的提高不是光靠练习就可以实现的，好的口才建立在人内在的知识和修养的基础上。所以，为了练就卓越口才，我们必须为口才充电。

为口才充电的第一步是大量占有材料。俗话说："巧妇难为无米之炊。"材料是构成口才表达内容的基本要素，是一切口才实践的基础和前提。没有材料，再高明的口才表达主体，也只能徒叹奈何！材料平淡，本身不具有社会价值，即使主体口吐莲花，也只能泛泛而谈，不可能有什么远见卓识、真知灼见。没有丰富而准确的材料，口才表达内容就不可能符合客观实际。凡不符合客观实际的思想就是错误的思想，就会将人们引到岔路上去。所以，必须首先从占有丰富而准确的材料入手。

然而大量占有材料还不够，要学会选取对自己有用的材料。讲话时选用的材料，一定要有强大的吸引力，要像一块块磁铁那样能吸住听众的心。

在现实生活中，人们很愿意和朋友们谈一些关于日常生活的经验。例如，小孩子长大了，要选哪一家学校比较好；花木被虫子咬了应该买什么样的杀虫剂；这个周末有什么好电影看，等等。这些都是很好的谈话题材，也都能使谈话双方感兴趣。

日常生活里充满了可以谈话的题材，只要你关心日常生活的事情，就不难找到使大家感兴趣的谈话材料。

除了占有材料之外，扩展知识面也是口才充电的一个重要方面。人类知识包罗万象、纷繁复杂，也是当众讲话者侃侃而谈的力量之源。知识在于厚积而薄发，有多方面知识积累的人，讲起话来，底气十足，成竹在胸。有的人之所以很有吸引力，是因为有丰厚的知识积累。胸有成竹，欲发则出；积之愈深，言之愈佳。

这里有一个小笑话：某人口齿伶俐，有人向他求教有什么诀窍，他说："很简单，看他是什么人，就跟他说什么话。例如，同屠夫就谈猪肉，对厨师就谈菜肴。"那位求教的人又问，"如果屠夫和厨师都在座，你谈些什么呢？"他说："我就谈红烧肉。"

由上面的故事中可以看出，要应付社会上形形色色的人，就是要具备多方面的知识。如果你能做到这一点，那么应付各种人物自然就得心应手了。虽然不一定要样样精通，但运用全在你自己。你不懂法律吗？但遇到了律师，你不妨和他谈最近发生的某件案子，或提供给他案情（这全是从报纸上看到的），其余的问题就让他去说好了。

为口才充电的另一个关键是多听。

只有先听别人说话，我们才能知道很多信息，而这些信息正是我们说话所需的材料。比如说，在听演讲时，在听别人的谈话时，随时都可以听到表现人类智慧的警言或是谚语。把这些抄在纸上，记在心里，久而久之，你谈话的题材和素材就越来越丰富了，你的口才也就越来越纯熟了，甚至可以"出口成章"，随便说什么都可以有条有理、生动活泼了。

你每天所听到的各种东西可以作为谈话的材料，但它们绝不仅仅是谈话的题材和资料而已，每一件事实、每一句话，都向你说明了什么，都向你提供了一些对人和事物的看法，都在影响你对人生的观点和态度。在吸收它们的时候，你不能毫无主见地吸收；在应用它们的时候，你也不能毫无目的地应用。

在你吸收它们的时候，你要用你的观点和态度去衡量一番。你的耳朵听到一句话，你的脑子里立刻对它表示了态度：喜欢它，或是不喜欢它；同意它，或是不同意它。

同样的，在你应用它们的时候，你也必须带着自己的看法。所以说出一句话的时候，你并不是像背书一样，把记得的话像鹦鹉学舌一样重述一遍，而是利用这句话说明你对人和事物的看法、观点，支持别人，或证明你认为对的道理，赞美你认为美的事物，或是驳斥你认为错误的观点，攻击你所认为坏的人物。

听到谈话，学到技巧了，能灵活运用，才是口才的完整修炼过程。

赢得合作的技巧

　　处于紧张状态的人往往企图处处争先，事无巨细，就连在公路上开车也不甘人后。对他们来说，一切都是竞争，非赢即输。可生活无须如此，生活中除了竞争外，更多的是合作。就是竞争也往往是在合作下竞争，只有获得合作才能取得成功。譬如在一个公司里，部长的指示之所以能够执行，是因为有部下的合作。如果部下不听指挥，经理要开除的将是缺乏合作精神的部长，而不会是其他工作人员。推销员之所以能够销售商品，是因为有人购买，假如得不到购买者的合作，他就要失业。现代社会不能没有合作，假如没有合作，你就无法生存，更谈不上成功。

　　那如何才能获得合作呢？

　　过去，曾有人凭借武力登上权力的宝座，并借助武力或武力威胁维持政权，但是今天不同了，人们有权自由选择，或主动合作或完全不合作。武力失去了原来的意义，取而代之的是合作的艺术，就是如何用正确的思想和正确的态度对待别人。如果能做到，人们就会同你合作。这里谈谈几种获得别人合作的方法：

　　1. 要让对方具有责任感

　　心理学家说，人们都愿意得到别人的注意，给人以好印象。你也许知道"赫尔逊工厂的试验"吧，这个试验已成为人事关系论的典型。有一次，在赫尔逊工厂做了一个试验。首先选择一批姑娘加入试验小组。最初改善了试验小组的照明。生产搞上去了。但是，后来把照明恢复到原样，生产仍然上去了。从而得知照明并没有什么特别的效果。以后又进行了缩短工时的试验，生产还是上升了；增加休息时间后，生产又上升了。

　　以后，管理部门对试验小组又延长了劳动时间，这时的生产还是上升了。尽管时间长了，但是姑娘们仍然辛勤劳动。看起来似乎没有什么特别的原因让姑娘们那么辛勤劳动。提供给她们的伙食，不论好坏，生产效率都提高了。最后，这个谜终于被解开了。那就是姑娘们被选入试验小组，产生了责任感。从前，没有什么人去理睬她们，但是，现在她们得到人们的公认和重视。这正是让姑娘们更加努力的原因所在。

2. 由别人自己作出结论

平庸的合作者会急于切中他的主题，而优秀的合作者首先创造互相信任和心心相通的氛围，然后再提供自己的看法。但仅仅是提供看法，由别人自己作出结论。锐利达集团公司需要添购一套自动化电镀设备，许多厂商闻讯纷纷前来介绍产品，负责电镀车间的工程师因而不胜其扰。但是，有一家制造厂商别出心裁，写来这样的一封信："我们工厂最近完成了一套自动化电镀设备，前不久才运到公司来。由于这套设备并非尽善尽美，为了能进一步改良，我们诚恳地请您拨冗前来指教。为了不耽误您宝贵时间，请随时与我们联系，我们会马上开车接您。""接到这封信真使我惊讶。"工程师说，"以前从没有厂商询问过我的意见，所以这封信让我觉得自己重要。"看了这套设备之后，没有人向他推销，工程师自己向公司建议买下那套设备。所以，要获得合作，就不要把自己的意见强加于别人身上，而是由别人自己作出结论。

3. 置身于对立的立场

重视人们喜欢的东西，要教给他们得到所喜欢的东西的方法，没有人喜欢被别人指使。要争取得到对方的合作，就应站在对方的立场上为对方考虑，从而调动其积极性。应站在对方立场上考虑，说不定对方也有几分道理。许多人不论自己有多大错误，都不愿承认自己不对。掌握了这一点，也许你会获得更多的合作。

4. 真诚地赞赏

一位狱长曾经说过："对于罪犯的努力给予适当的称赞，比严厉批评与惩罚，更能得到他的合作。"我们把这个方法应用于人际关系，即不应过于挑剔别人的不足，而应更多地看到别人的优点，即使是最微小的优点和进步，我们也要称赞，这比起责罚的做法聪明得多。

5. 不可贪天之功

许多荣誉，往往是经过许多人的共同合作取得的，即使是自己的成绩最为显著，也不要独揽荣誉。下面让我们来看一看，在一次颁奖大会上两名获奖的推销员如何向与会者介绍取得成绩的经验。第一位站起来，开始说明自己是如何取得成绩的。他极力说明他自己的能力和努力才是增加推销额的原因。而第二位受奖者和前一位形成明显的对照。他首先说明，他那个单位之所以取得成功是全体推销员热心努力的结果。请注意他们两者之间的不同，第一位企图独揽荣誉，因而得罪了其他人。第二位把荣誉分给他人，因而提高了大家继续合作的积极性。

如果你掌握了以上五点，就说明你基本上掌握了获得合作的技巧。

第十一章

登上通往财富的阶梯

导　言

　　每个人都拥有致富的潜能。永远不要只盯着已经创造出来的财富，要一直盯着宇宙能量中蕴藏的无限财富，要知道，只要你能尽快拥有并利用它们，你就会拥有财富。没人能够靠聚敛已经创造出来的财富来阻止你得到属于你的财富。

　　充分释放精神潜能之后，我们的物质将极大丰富，因为精神潜能能帮我们从物质世界中获取一切所需的能源。如果你问人们最终的理财目标是什么，很多人会回答："我想做有钱人。"然而，大部分的人都不知道什么才是真正的富有，或是如何去达到它。"有钱"对他们来说只是一个很模糊的梦境。

　　很多人认为，只要有大笔的钱进账就能达到富有，其实未必尽然。很多年薪 8 万美元 ~ 10 万元甚至更多的高级白领，生活过得跟薪资水平仅及其 1/3 的人一样。银行里没有多少存款，消费上常常出现赤字，买房的计划也是遥遥无期。

　　一般人之所以能够舒服地退休，在于他们事先计划和透过一些隐形的资产来累积财富。一份高的薪水提供了人们累积财富的机会，但不会自动让人富有。如果你一年赚 8 万元花 10 万元，反而会破产。但如果你赚 8 万元，投资 8000 元于金融产品（如银行存款、保险、证券）上，持续几十年，则将会积累起巨额资产。这才是财富！才会给你一个稳步、积极的人生！

　　让我们来看一看下面这位精明的商人的做法。

　　一位举止高贵的人走进一家银行。"请问先生，您有什么事情需要我们效劳吗？"贷款部营业员一边小心地询问，一边打量着来人的穿着：名贵的西服、高档的皮鞋、昂贵的手表，还有镶着宝石的领带夹子……

"我是一位商人，我想借点钱。""完全可以，您想借多少呢？""1美元。""只借 1 美元？"贷款部的营业员惊愕地张大了嘴巴。"我只需要 1 美元。可以吗？"贷款部营业员的心头立刻高速运转起来，这人穿戴如此阔气，为什么只借 1 美元？他是在试探我们的工作质量和服务效率吧？便装出高兴的样子说："当然，只要有担保，无论借多少，我们都可以照办。"

"好吧。"商人从豪华的皮包里取出一大堆股票、债券等放在柜台上，"这些作担保可以吗？"

营业员清点了一下，说："先生，总共 50 万美元，作为担保足够了，不过先生，您真的只借 1 美元吗？"

"是的，我只需要 1 美元。有问题吗？"

"好吧，请办理手续，年息为 6%，只要您付 6% 的利息，且在一年后归还贷款，我们就把这些作为担保的股票和证券还给您……"

富豪办完手续即将离开，一直在一边旁观的银行经理怎么也弄不明白，一个拥有 50 万美元的人，怎么会跑到银行来借 1 美元呢？

他追了上去："先生，对不起，能问您一个问题吗？"

"当然可以。"

"我是这家银行的经理，我实在弄不懂，您拥有 50 万美元，为什么只借 1 美元呢？"

"好吧！我不妨把实情告诉你。我来这里办一件事，随身携带这些票券很不方便，便问过几家金库，要租他们的保险箱，但租金都很昂贵。所以我就到贵行将这些东西以担保的形式寄存了，由你们替我保管，况且利息很低，存一年才不过 6 美分……"

这位商人真是一位理财高手，由此可见，能够合理理财的人，必定能花费最少的钱财为自己办最多的事。

关于理财，还有一种错误的认识，即认为财富是身份地位的炫耀，例如拥有一栋大房子，或每年做长达 3 个星期的旅游等。拥有一些"东西"并不全然代表这人是富有的，事实上，这些东西还会妨碍资产的累积。如果你收入中的相当部分是用来支付一个高达四位数的住房贷款，或者是偿还先前累积的债务，那就不可能有什么钱省下来投资，资产的累积也会极其缓慢。

可能有人会说，像这样达到富有的人没有什么乐趣。其实他们大部分人在这个理财的过程中都是不乏乐趣的。他们的乐趣来自于他们累积资产成为他们的理财目标之一。因此，要做有钱人，必须有积极的投资态度，进行认真的规划，要把它当成你赖以谋生的第一职业之外的第二职业去做。理性经营你的每一分钱，在财富不断累积的过程中感受幸福。理性投资，有时收获的不只是金钱，还有人生的富足与内心的充实。

财富无尽

金钱，不夸张地说，乃是人生中最具有诱惑力的东西之一，许多人为了得到它，不惜放弃其他更有价值的东西，例如逼着自己去做违法勾当，远离家人朋友等。

有些人虽然不把金钱当成一回事，可是又不能不承受金钱的压力，特别是那些上了年纪的人，不可能为钱工作一辈子。为金钱而工作永远不可能让你真正富有。学会让钱为你工作，是你向富有迈进的第一步。提高理财能力，就是让钱为你工作的好办法。

现实生活中的许多人工作挣钱并非出于对美好生活的愿望，而是出于对穷困潦倒的恐惧，他们认为钱能消除对贫困的恐惧，所以，他们积累了很多的钱，可是没多久，他们更加恐惧。恐惧会失去已得到的钱，不知不觉又回到从前的孤苦之中，甘心情愿地做金钱的奴隶，永远被金钱奴役着。

钱是一种力量，更有力量的是有关理财的技能，是控制金钱的能量。钱来了又去，如果你了解钱是如何运转的，就有了驾驭它的力量。正确地使用钱，能使钱更好地为你服务。让钱为你而动吧！

在《穷爸爸，富爸爸》中，迈克从美国商业海洋学院毕业了。他的穷爸爸十分高兴，因为加州标准石油公司录用他到运油船队工作。他是一位三副，比起他的同班同学，他的工资不算高，但作为他离开大学之后的第一份真正的工作，还算不错。他的起始工资是一年4.2万美元，包括加班费。而且他一年只需工作7个月，余下的5个月是假期。如果他愿意的话，可不休那5个月的假期而去一家附属船舶运输公司到越南工作去，这样做能使年收入翻一番。

尽管前面有一个很好的职业生涯等着他，但他还是在6个月后辞职离开了这家公司，加入海军陆战队去学习飞行。对此，他的穷爸爸非常伤心，富爸爸则祝贺他作出的决定。

当时，富爸爸鼓励他去做恰好相反的事情。"对许多知识你只需要知道一点就足够了。"这是富爸爸的建议。

过了几年后，当他放弃在标准石油公司收入丰厚的工作后，他的穷爸爸和他进行了推心置腹的交流。穷爸爸非常吃惊和不理解他为什么要辞去这样一份工作：收入高，福利待遇好，闲暇时间长，还有升迁的机会。穷爸爸一晚上都在问他："你为什么要放弃呢？"他没法向穷爸爸解释清楚，他的逻辑与穷爸爸的不一样。最大的问题就在于此，他的逻辑和富爸爸的逻辑是一致的，而穷爸爸的逻辑与富爸爸的逻辑从不相同。

对于穷爸爸来说，稳定的工作就是一切；而对于富爸爸来说，不断学习才是一切。

1973 年从越南回国后，他离开了军队，尽管他仍然热爱飞行，但他在军队中学习的目标已经达到。他在施乐公司找了一份工作，加盟施乐公司是有目的的，不过不是为了物质利益。他是一个腼腆的人，对他而言营销是世界上最令人害怕的课程，而施乐公司拥有在美国最好的营销培训项目。

富爸爸为他感到自豪，而穷爸爸为他感到羞愧。作为知识分子，穷爸爸认为推销员低人一等。他在施乐公司工作了四年，直到他不再为吃闭门羹而发愁。当他稳居销售业绩榜前五名时，他再次辞去了工作，又放弃了一份不错的职业和一家优秀的公司。

1977 年，他组建了自己的第一家公司。富爸爸教过迈克怎样管理公司，现在他就得学着应用这些知识了。他的第一种产品尼龙带搭链的钱包，在远东生产，然后装船运到纽约的仓库里，仓库离他去上学的地方很近。他的正式教育已经完成，现在是他单飞的时候了。如果他失败了，他将会破产。富爸爸认为破产最好是在 30 岁以前，富爸爸的看法是"这样你还有时间东山再起"。就在他 30 岁生日前夜，富爸爸的货物第一次装船驶离韩国前往纽约。

直到今天，富爸爸仍然在做国际贸易，就像富爸爸鼓励他去做的那样，富爸爸一直在寻找新兴国家的商机。现在他的投资公司在南美、亚洲、挪威和俄罗斯等地都拥有投资。

有一句古老的格言说："工作的意义就是'比破产强一点'。"然而，不幸的是，这句话确实适用于千百万人，因为学校没把财商看作是一种智慧，大部分工人都"按他们的方式活着"，这些方式就是：干活挣钱，支付账单。

还有另外一种可怕的管理理论："工人付出最高限度的努力工作以避免被解雇，而雇主提供最低限度的工资以防止工人辞职。"如果你看一看大部分公司的支付额度，你就会明白这一说法确实道出了某种程度的现实。

纯粹的结果是大部分工人从不越雷池一步，他们按照别人教他们的那样去做：得到一份稳定的工作。大部分工人为工资和短期福利而工作，但从长期来看这样做是灾难性的。

相反，我们劝告年轻人在寻找工作时要看看能从中学到什么，而不是只看能挣到多少。在选择某种特定的职业之前或者在陷入为生计而忙碌工作的"老鼠赛跑"之前，要仔细看看脚下的道路，弄清楚自己到底需要获得什么技能，不论你选择了什么工作，都不要忘记培养自己成为金钱的主人，让金钱为自己工作。

人不可能为金钱工作一辈子，为金钱而工作永远不可能让你真正富有。即使你现在有着不菲的收入，但你永远不知道这样的收入明天是否还会属于你。转变你的观念，学会让钱为你工作，这是你向富有迈进的第一步。

从"小"做起

要有一种不平凡的眼光，能够从一些平凡小事中发掘他人所不能发现的不平凡的东西，以此来激发你的创意，你就会发现商机无处不在，财富无处不有。

有一个年轻人，在创业之初身无分文。有一天，他在马路上漫无目的地闲逛时，注意到街上许多行人都提着一个纸袋，这纸袋是买东西时商店给他们装东西用的。年轻人灵机一动："将来纸袋一定会风行一时，做纸袋绳索生意是错不了的。"身无分文的他，虽然有雄心壮志，但是有无从下手的感慨。最后他决心硬着头皮去各银行试一试。一到银行，他就把纸袋的前景、纸袋绳索的制作技巧，以及他的经营方法，对该事业的展望等说遍了，但每一家银行都冷冷淡淡不理睬他。然而他并不灰心，每天都前去走动拜访。皇天不负有心人，经过整整3个月的努力，到了第69次时，有一家银行终于被他那百折不挠的精神所感动，答应贷给他100万美元。当朋友、熟人知道他获得银行贷款时，也纷纷帮忙，有的出资10万美元，有的出资20万美元，很快就筹集了200万美元。有了资金，创业两年后，他就成为名满天下的人。几年时间，他从一个穷光蛋变成富商人。

留心周围的小事，有敏锐的洞察力，你才能抓住机遇。在日常生活中，常常会发生各种各样的事，有些事使人大吃一惊，有些事则平淡无奇。一般而言，使人大吃一惊的事会令人倍加关注，而平淡无奇的事往往不被人注意，但它可能含有重要的意义。一个有敏锐观察力的人，就要能够看到不奇之奇。

19世纪的英国物理学家瑞利正是从日常生活中发现了与众不同之处。在端茶时，茶杯会在碟子里滑动和倾斜，有时茶杯里的茶水也会洒出一些，但当茶水稍洒出一点弄湿了茶碟时会突然变得不易在碟上滑动了。瑞利对此做了进一步探究，做了许多相类似的实验，结果得到一种求算摩擦的方法——倾斜法。

当然，我们说培养敏锐的洞察力，留心周围小事的重要意义，并不是让人们把眼光完全局限于"小事"上，而是要人们"小中见大""见微知著"。只有这样，才能有所创造、有所成就，并得到幸福。

小问题中往往孕育着大市场。美国著名华裔企业家邱汉川先生曾说："哪里有人们为难的地方，哪里就有赚钱的机会。"企业应避免"一窝蜂"地挤上一座山头，而要善于发现市场饱和的"空当"，把眼界放开，从不断完善现有产品、不断开发新产品中寻找财富。

高明经营者如菲力普·亚默尔能从墨西哥发生瘟疫的信息中想到美国肉类市场的动荡，从而通过低买高卖轻而易举净赚900万美元。我有一个美国学员说他有一个中国朋友，看到日本商人常来收购他们国家常见的丝瓜筋，经过进一步了解其用途后便组织生产浴擦、拖鞋、枕套、枕芯等产品出口欧、美、日，做成了年出口160多万元的大生意。

财富就在我们身边，只要我们能从小处着眼，从小处着手，就能从细小而平凡的小事中挖掘它蕴含的巨大商机。

 **让钱做你的仆人**

　　虽然说钱具有诱惑力，但你我在理智上都知道，金钱其实只是一种交换的媒介，让我们在这个世界上所创造的价值以简单的方式进行移转和分享。所以金钱的出现，可以让我们大家努力于自己专精的领域，而不必操心做出来的东西是否值得跟别人以物易物。

　　可是金钱带给我们便利的同时，也给我们带来了困扰。也许就是因为金钱在生活中扮演了重要角色，当我们觉得手头不足时，情绪就会大受影响：焦虑、恐惧、不安、担心、愤怒、挫折、丢脸或心力交瘁，而这还只是能说出来的一小部分。东欧政权的一一崩溃，不就是因为顶不住财政上的压力？你也不妨想一想，有哪个国家、哪个企业，乃至哪个人不曾为金钱的压力所折磨？

　　当你积累了一定的金钱之后，要用这些钱进行投资，要让钱生钱，而不是简单地储蓄。富人能利用他们的钱和资产再生出更多的金钱和资产。你可以将金钱投资在教育上，也可以投资在创办企业上，还可以投资在购买房地产和股票上等。然而，把金钱投资在何处，对于投资收益的增长有着极为重要的影响。

　　朱丽 17 岁时开始存钱。她在一年的时间里存下了 1200 澳元，然而却发现存款利息只有 0.25%。想一想，存款利息只有 1% 的 1/4！你也可以想象以这样的利息，朱丽得要多长时间才能靠她的存款挣到钱。

　　多一两个百分点，少一两个百分点也许在短期内并无太大的差别，但是时间一长，存款的利息就差很多了。假设朱丽在以后的 40 年里一直坚持存款，如果存款利率为 2%（这是当前存款最基本的回报率），那么她的存款 40 年后将增至 73144 澳元；如果朱丽将这笔存款改为定期，存款利率为 5%，那么 40 年后她的存款将增至 148252 澳元；如果朱丽将她的存款进行投资，投资回报率为 12%，那么 40 年后她将积攒到 97 万澳元。朱丽只要学习一些投资的知识，她挣到的钱就会大不一样，就会使 7.3 万澳元变成 97 万澳元。当然，要真正了解金钱的游戏也需要花费很多的精力，不过为获取这方面的知识而花费精力是十分值得的。

像朱丽那样把钱存到银行里，所能获得的大概就是种了一粒种子收获一粒种子。如果让钱做你的仆人，种下去一粒种子以后，你可以收获大把果实，那才是致富之道。有经济头脑的富人往往是这方面的大师。

在富人看来，用钱追钱要比人追钱快得多。这就是"钱找钱"胜于"人找钱"，因此要学会投资。真正挣钱的人认为：他们赚钱是为了花出去，他们花钱是为了赚更多的钱。

洛克菲勒王朝的创始人约翰·戴维森·洛克菲勒的童年是在一个叫摩拉维亚的小镇上度过的。每当黑夜降临，约翰常常和父亲点着蜡烛，相对而坐，一边煮着咖啡，一边天南地北地聊着，话题又总是少不了怎样做生意赚钱。约翰从小脑子里就装满了父亲传授给他的生意经。

7 岁那年，一次偶然的机会，约翰在树林中玩耍时，发现了一个火鸡窝。于是他眼珠一转，计上心来。他想火鸡是大家都喜欢吃的肉食品，如果他把小火鸡养大后卖出去，一定能赚到不少钱。于是，他此后每天都早早来到树林中，耐心地等到火鸡孵出小火鸡后暂时离开窝巢的间隙，飞快地抱走小火鸡，把它们养在自己的房间里，细心照顾。

到了感恩节，小火鸡已经长大了，他便把它们卖给附近的农庄。于是，他的存钱罐里，镍币和银币逐渐增多，变成了一张张的绿色钞票。不仅如此，他还想出一个让钱生更多的钱的妙计。他把这些钱放给耕作的佃农们，等他们收获之后就连本带利地收回。一个年仅 7 岁的孩子竟能想出卖火鸡赚大钱的主意，不能不令人惊叹！

可父亲和母亲对长子行为的反应截然相反。笃信宗教、心地善良的母亲对此又气又恼，狠狠地把他揍了一顿，可是颇有眼光的父亲说："哎呀，爱丽莎，你何必呢！这个国家现在最重要的就是钱、钱、钱！"他对儿子的行为大加赞赏，满心欢喜。约翰就是由这样一个相信圣经上所写的一言一语、敬畏上帝的基督教徒的母亲抚养大，由父亲的实际处世之道教育成人的。

年幼的约翰在经商方面初露锋芒。在和父亲的一次谈话中，父亲问他："你的存钱罐，大概存了不少钱吧？"

"我贷了50美元给附近的农民。"约翰满脸的得意。

"是吗？50美元？"父亲很是惊讶。因为那个时代，50美元是个不小的数目。

"利息是75％，到了明年就能拿到375美元的利息。另外我在你的马铃薯（即土豆）地里帮你干活儿，工资每小时0.37美元，明天我把记账本拿给你看。其实，这样出卖劳动力很不划算。"约翰滔滔不绝，很是在行地说着，毫不理会父亲的惊讶表情。

父亲望着刚刚12岁就懂得贷款赚钱的儿子，喜爱之情溢于言表，儿子的精明不在自己之下，将来一定会大有出息的。

约翰小小年纪就已经学会了驾驭金钱，让钱去生钱，这确实是他获得巨大成就的基础。

我认为，积攒财富并不是一件困难的事情，很多人之所以做不到是因为他们的理财基础并不健全，如果对金钱的观念很清楚，把它当成奴仆一样为自己所用，用自己的能力控制它，那么致富就不是天方夜谭。

财富是思考能力的结果

在 20 世纪 90 年代，增加价值最有效的方法之一，就是要明白财富能借由商品流通而得来。要想生活更富裕，你就得作出真正的贡献，千万不可总从增加个人收益的角度着眼。要想致富，你得知道财富是怎么来的，怎么样维持财富。能赚钱并不意味着能维持财富。我们都听过有些名人能赚到大钱，却在一夜间变得身无分文，原因很简单，他们并没有动脑筋去维持财富。

有一个非常聪明的农夫，要进城去卖鸡蛋，但进城的路非常颠簸难走，他为了不让鸡蛋在路上打破，于是将一篮子鸡蛋分装在很多个篮子里。结果到达城里之后，打开篮子，发现只有一个篮子里的鸡蛋破了，其余都完好无损。

这个农夫的故事告诉了我们一个道理，就是将我们的财富分装在不同的篮子里，投资在不同的领域，以寻求最大的回报。

联合利华在这方面就树立了一个榜样，它能获得如此巨大的成功，与其经营方针和管理体制是分不开的。

商品多样化和商标多样化是联合利华经营管理上的一大显著特点，也是它最巧妙的经营之道。联合利华的许多名牌产品走俏世界，但没有冠以统一的联合利华的商标，都以独立的形象出现在消费者面前。这样，商品、商标的多样化避免了单一、呆板的消费形象，给消费者以丰富多彩的感觉，满足了人们好奇的心理。同时，也避免了一种商品品牌牵连公司其他商品的风险，它的每一类产品，都有几种到几十种的不同品牌，使公司始终处于"东方不亮西方亮"的有利位置。

合理让利和以退为进是联合利华多次使用并因此获得更大利益的经营策略。第二次世界大战后，非洲各国的民族解放和独立运动风起云涌，联合利华在非洲的许多小公司都面临着巨大的危机。当时联合利华在权衡利弊后采取了以退为进的经营策略，较好地照顾了非洲国家的利益。虽然看起来公司为此让了许多利，但实际上换来的是更大的经营空间和政府支持，联合利华在这些非洲国家取得了更加长远的利益，对公司的发展起到巨大的推动作用。

"诚实、正直地从事商业活动并尊重其所涉及的各方利益"，是联合利华的经商准则，这个准则实际上和不把鸡蛋放在一个篮子里有密切关系。不要把所有商品都用一个品牌，也别只看到一方的利益。

"不要把鸡蛋放在一个篮子里，除非你有花不完的钱。"某位亿万富翁曾这么说过。比尔·盖茨也是一个不把"鸡蛋全放在一个篮子里"的人，这也是他投资的聪明之处。

比尔·盖茨看好新经济，但认为旧经济有它的亮点，也向旧经济的一些部门投资。美国《亚洲华尔街日报》评论说："盖茨看到了把投资分散、延伸到旧经济的必要性，而他的好友巴菲特没有看到把投资分散到新经济的必要性。"巴菲特素有华尔街"股王"之称，他的投资对象都是旧经济部门公司。

盖茨分散投资的理念和做法由来已久。据《亚洲华尔街日报》报道，盖茨1995年就建立了名为"小瀑布"的投资公司。这家设在华盛顿州柯克兰的公司单单为盖茨的投资理财服务，主要就是分散和管理盖茨在旧经济中的投资。这家公司的运作十分保密，除了法律规定需要公开的项目，其活动的具体情况很少向公众透露。不过根据已知情况，这家公司的投资组合共值100亿美元。这笔资金很大部分是投入债券市场，特别是购买国库券。在股价下跌时，政府债券的价格往往是由于资金从股市流入而表现稳定以至上升的，这就可以部分抵消股价下跌所遭受的损失。同样，小瀑布公司也大量投资于旧经济中的一些企业，并以投资的"多样性"和"保守性"闻名。

盖茨的投资不少是从长期着眼的，例如，投资于阿拉斯加气体集团公司和舒尼萨尔钢工业公司。他的投资代理人拉森就把小瀑布投资公司称为"长期投资者"，"在这个意义上有点像巴菲特"。

　　纽约投资顾问公司汉尼斯集团总裁格拉丹特在概括盖茨的投资战略时说，投资者，哪怕是盖茨那样的超级富豪，都不应当把"全部资本押在涨得已很高的科技股上"。这说明，连盖茨这样的世界超级富豪，为了分散风险和寻找最大的回报，也不会把"鸡蛋"全放在一个篮子里。

第十二章

健康是重要的资本

导 言

　　如果你为了追求想得到的一切而牺牲了健康，请问这样的代价是否值得呢？你是否每天起床后便生机勃勃、生龙活虎般去迎接生活中的各种挑战，还是起床后就开始咒骂吵醒你的闹铃，十分厌倦又疲惫地迎接新一天？套用17世纪著名医生托马斯·莫非特的话，今天的人正像是"用牙齿在挖掘自己的坟墓"。人最悲哀的是具备了成大事的一切精神条件，结果还没来得及行动就因为身体原因死去了，所以要想成功，首先要保持自己的身体健康，不仅是看起来健康，还要真的觉得健康。站在温暖的阳光下，每个人都清新、年轻、朝气蓬勃，清醒地意识到自己拥有应付一切危机的力量，知道自己是世界的主人，还有什么能比这样的状态更重要的呢？一个年轻人的荣耀就在于他的健康。任何形式的虚弱都会贬低他、压抑他，使他变得不完整。无论这种虚弱是精力、活力、意志力的欠缺，还是体力的欠缺，即使是勤奋的习惯也无法消除它，愧疚则更不能遮盖它。

　　依我看来，世界上最强烈、最细微敏锐的感觉，可能是感到自己有能力战胜困难。生命中最重要的奖赏是健康、坚强和健壮。

　　什么是健康？健康并不是必须具有很大的块头和威武的外表，但应该具有旺盛的生命力和巨大的精神力量。这种东西体现在布瑞汉姆领主连续工作176个小时的狂热中；体现在拿破仑24小时不离马鞍的精神中；体现在富兰克林70岁高龄还露营野外的执着中；体现在格莱斯顿以84岁的高龄还能紧握船舵，还能每天行走数公里，到了85岁时还能砍倒大树的状态中。上述种种，成就了生命里最重要的东西。

　　伟大事业的先决条件是充沛的体力和精力，这是一条铁的法则。虚弱、无精打采、无力、犹豫不决、优柔寡断的年轻人，即使有可能过上一种令人羡慕的高雅生活，也很难往上爬，他不会成为一个领导者，也很难在重大事件中走在前列。据说，艾奥瓦州有这样一位公子，他的四肢非常孱弱，以至于他根本没有任何支撑自己的力量。会有人认为这样的人能开创一番事业或者成为一行状元吗？那简直是无稽之谈。身体虚弱的人也能成就流芳百世的丰功伟绩，但这毕竟是非常罕见的。还有什么成就能与健康相提并论呢？卡莱尔曾跟爱丁堡的学生说："不管是整块的黄金还是数百万的财产，与健康相比又算得了什么呢？"这正是他对自己糟糕的健康状态引发的对残缺生活的一种痛苦感，也正是因为他无力完成自己膨胀的雄心催促他去做许多事情，而产生的强烈感受，使他大发感慨。

米开朗琪罗所完成的绘画作品，无论是描绘的天堂还是描绘的地狱，无一不体现出强大的身体力量，这就是意大利人对身体力量的热爱与崇拜之情。

人需要健康的身体，但健康的身体来源于哪里呢？你已经想到了，是食物。可是不同的人所需要的食物也是不同的。正如饲养赛马不能和饲养运货的马一样。脑力劳动者的食物必须能增强人的精神力量，它们必须含有磷和蛋白，以持续补充用于思考的大脑物质。如果脑力劳动者只吃烤牛肉和咸猪肉，他只能获得体力劳动者强健的肌肉，对大脑和神经没有什么益处。他必须吃鱼、鸡肉、开胃小菜、精制谷类以及大量的蔬菜和水果。另一方面，体力劳动者需要的食物应该能增强肌肉力量、体力和耐力。体力劳动者需要很好的体力，才能胜任工作。一个老师需要的食物和一个要干繁重体力劳动的仆人所需要的食物是大相径庭的。学生学习很费脑力，需要特殊的食物，与此同时，他们大多数人处于身体发育的关键阶段，因此还需要吃一些有助于身体成长的食物。由于孩子们运动量大、消耗多，他们需要大量帮助骨骼、神经和肌肉生长的物质。

洛伦兹·弗尔教授是一位知名学者，他活了85岁。在总结自己长寿经验时，他说了这么几条："努力工作，但任务不要太繁重；要避免焦虑感和恼怒。尽可能以和你的性情相符的方式来生活，充分利用上天赋予你的才能。尽量不要生活在太大的压力之下。考虑到你的金钱和力量，要量力而行。一日三餐，要进食水果、蔬菜、谷类、鸡蛋和牛奶。从一开始就要成为严格的戒酒者，并且要终生保持这一好习惯。不要抽烟。要进行有规律的日常锻炼。记住，保持清洁几乎是神圣的。不要喝浓咖啡或者浓茶。感到疲倦想睡觉时就睡觉，每个星期至少有一天用来休息。如果你做到了上述这些，十之八九，你会长寿。"

　　人一生中，最重要的两样东西是青春和健康。每一个在通向成功路上勇往直前的人都应当倍加珍惜、呵护上天赋予的宝贵礼物，因为它们是成功的资本。

培养良好的健康习惯

人，随着年龄增长，身体会一天天衰弱。但是保持良好的生活习惯可以使人延缓衰老。某著名养生专家认为：人体的一切生理活动都是起伏波动的，有高潮也有低潮。人体内有一个"预定时刻表"支配着这些起伏波动，养生专家们称之为生物钟。人体血压、体温、脉搏、心跳、神经的兴奋抑制、激素的分泌等100多种生理活动，是生物钟的指针，反映了生物钟的活动状态。人体各器官的机能是按生物钟来运转的。生物钟准点是健康的根本保证，若错点则是柔弱、疾病、早衰、夭折的祸根。

因此，我们不赞同年轻人通宵看电影、泡吧，因为通宵熬夜会使你的生物钟错点，表面上看没什么变化，但会导致身体激素分泌紊乱，体力变化极大。如此日积月累，错点会在身上产生反应，患病也就不可避免了。

如果你的生物钟的运转和大自然的节律合拍融洽，就能"以自然之道，养自然之身"。医学专家公认生物钟是自然界的最高境界，因为自古至今，健康长寿者的"养生之道"虽然千差万别，但生活有规律这一条却是共同的，为此，我们首先要养成良好的生活习惯。

越早奠定健康生活方式的基础，养成健康的习惯，以后获益就越大。养成良好的生活习惯，不仅可以避免中年体衰，而且到老都能身体健康。儿童比成年人更容易养成良好的健身习惯，如良好的饮食、运动和放松的习惯。我们越多向青少年灌输有关健康生活的知识，国人的体质将会越好，可以减少对昂贵的医疗服务的依赖。要记住：导致过早死亡和丧失工作能力并浪费大量保健经费的许多疾病都是不健康的生活方式造成的，如果在年轻时采取预防措施，这些病就能完全避免。

1. 戒除不良的嗜好。如酗酒、嗜烟（大量吸烟）、嗜赌（赌徒）。有人说得好，在危害健康的诸多因素中，最严重的莫过于不良嗜好所起的作用持久而普遍的危害。

2. 改变不良的生活习惯。如人的卫生习惯差，病从口入，易得胃肠传染病或寄生虫病。暴饮暴食者易患胃病、消化不良以及易于致命的急性胰腺炎。爱吃高脂及高盐食品者，最易患高血压、冠心病等。不良习惯一旦养成，对健康的危害作用就会经常或反复出现。

3. 不要滥用药物。有关专家指出，药害已成为仅次于烟害和酒害的第三大"公害"。全世界每年死于药害者不下几十万人。为此，欲求健康长寿，必须停止滥用药物，包括滥用补养药品。补药用之不当，也会伤人。

4. 切忌操劳过度。野心很大的人可能会成功，但是，野心也容易使他无法活得很久。所以，如果升级必须加上很大的压力、紧张和过度操劳，你就应该下定决心放弃升级。

纽约马白尔协同教会的牧师皮尔博士，在印第安纳波里对一群听众的讲演中说："现代的美国人，很可能是有史以来最神经质的一代。"皮尔博士说："爱尔兰人的守护神是派翠伊克，英国人的守护神是乔治，而美国人的守护神却是维达斯。美国人的生活太紧张、太激烈，要使他们在听到以后能够平静地睡去，那是不可能的。"

如果赚大钱的代价是不幸或早死的话，你应该同意少赚一些钱；如果对自己鞭策得太严了，你应该鼓励自己满足于稍低一层的成就。

5. 适量运动。最理想的情况，是把运动当作放松自己和娱乐的一种方式。放松和娱乐对你的思想能力有很大的影响，而运动除了能保持身体健康之外，对思想同样也会有所帮助。但你必须保持适量和适度，过量的运动反而会引起疲劳。

你应每周做三次体操，每次20分钟。运动是身体和心理最好的刺激物，它对于清除负面影响因素有很大的帮助。体育训练已成为了解人类潜力的重要方法，并且可以培养出一些有助于你追求成功的技巧。

6. 抵制有害的情绪。自古以来就有"怒伤肝""忧伤肺""恐伤胃"以致"积郁成疾"之说。也就是说，消极的情绪会影响人的身体健康。为什么呢？因为人的情绪变化总是和人的身体变化联系在一起的。例如，人在恐怖的时候交感神经变得兴奋，瞳孔变大，口渴、出汗，血管收缩而脸色发白，血液中的糖分增加，膀胱松懈，结肠和直肠的肌肉松弛。一般来说，当情绪变化的时候，人的血液量、血压、血液成分、呼吸、代谢、消化机能以及生物电都会发生变化。

过度的消极情绪，或一个人长时间地被消极情绪所控制，会对身体的健康产生不良影响。例如，长期不愉快、恐怖、失望等，胃的运动就会被抑制，使胃液分泌减少。对肠的影响也是同样的，愤怒时，肠壁的紧张力降低，蠕动停止，影响消化机能。总的来说，这样下去使人消化机能不好，容易产生胃溃疡。

所以，我们要抵制有害的情绪，维护自己的身心健康。

透支了的成功资本

生活节奏的加快需要人们迎接各种机遇和挑战。然而，如何持久地、精力充沛地投入学习和工作绝非是一件简单容易的事情。很多人曾有过精力不济、情绪低迷、失眠多梦的生活经历，有些人甚至是经常性地反复出现这种现象。这就是近年来逐渐被人们关注的医学界提出的介于健康和疾病之间的"亚健康"状态。

"亚健康"是医学界提出的一个新概念。这是一种非常容易被人们忽略的状态，只要稍微在生活中留意一下，便会发现许多细节已为我们的健康敲响警钟。

不久前，维特医生接待了一位自称患了不治之症又求医无门的病人。患者是位 40 岁左右的中年男士，这位患者是一位化妆品推销员，由于工作关系，经常天南地北地跑，生活和饮食都很不规律。3 个月前，他感觉没有食欲，饭后感觉腹中胀气，还经常出现腹泻。起初，他以为是一般的胃肠问题或脾胃不和，随便吃了些助消化的药物，很多天后，病情不但未见好转，反而越来越重。他去了很多家医院，腹部 B 超、纤维胃镜、消化道造影等检查都做遍了，未见异常，但不舒服的感觉像恶魔一样始终纠缠着他，他总觉得自己是得了胃癌一类的恶疾。

维特医生初步了解了他的病情，又向他询问了一些工作和生活中的事情。原来，他每天至少要工作 10 个小时，晚上拖着疲惫的身体回到家，还要辅导儿子功课，经常是一边为孩子做听写练习，一边打瞌睡。工作和生活压力时常使他觉得喘不过气来，每天像上了发条一样，脑子里的弦绷得紧紧的，时间一长，他经常感到腰背酸痛、周身乏力，有时还会失眠。前一段时间，工作更加繁忙，竟又添了肠胃不适的新毛病。

维特医生聆听完他"诉苦"，又仔细分析了他的各项检查结果，最终将其诊断为：功能性胃肠功能障碍伴发抑郁症。他对诊断结果吃惊不已，原以为自己是消化系统出了问题，怎么会是抑郁症呢？其实，早在 20 世纪就有学者对情绪波动对人体胃肠运动的影响做过研究。研究显示，当患者情绪忧郁、恐惧或易怒时，可显著延缓胃的消化与排空，结肠运动也明显受到抑制。据统计，功能性的胃肠功能障碍患者中，符合抑郁症诊断标准的占 30% 以上，结肠功能紊乱患者中 50% 以上伴有抑郁。

阿维力医师的研究也表明："胃溃疡大多由情绪紧张所造成。"这句话从玛雅临床医学中心的上万个病例中得到证明。因为其中有 4/5 原非由于身体机能所致，而是由不安、烦恼、怨怒、憎恨、自卑及无法适应现实生活等引发胃病或胃溃疡的。因胃溃疡而死亡的例子并不罕见，据《生活》杂志的统计，胃溃疡是第 10 位致死的病因。

忧虑不但是导致肠胃疾病的一大病因，还会引发风湿症和关节炎。世界著名的关节炎医学权威罗斯尔·西勒指出了导致关节炎的四个原因：

1. 婚姻生活的触礁。

2. 经济拮据。

3. 极度忧虑。

4. 宿仇积怨。

当然，这四种情绪状况并不是导致关节炎的唯一原因，但这四种是其中"最普遍"的致病因素。

在美国，心脏病是排行首位的死因。第二次世界大战中阵亡者约有 30 多万人，而同一个时期死于心脏病者多达 200 万人，其中约有 100 万是因为焦虑紧张导致心脏病致死的。难怪连名医都摇头叹息："对忧虑的侵蚀束手无策的商人注定要早死。"

有一本讨论忧虑的书，是卡尔·明格尔博士所写的《与己作对》。此书没有告诉你如何避免忧虑的规则，却能告诉你一些很可怕的事实，让你看清楚我们怎样通过焦虑、烦躁、憎恨、后悔、反叛和恐惧等情绪来伤害我们的身心健康。

　　健康是人一生最重要的资本，没有了健康，纵然有再多的财富也是枉然。很多时候，人们可能忽视了坏情绪对自己的负面影响，使健康出现严重危机，由此，我们应该还自己一片晴朗的心空，让健康永驻。

生命应当有节奏地运动

　　体育锻炼，不仅能增强体质，提高健康水平，发挥体力和智力的潜力，为健康心理打下良好的物质基础，还可以培养成功所必备的拼搏精神、竞争精神、协作精神，以及勇敢、坚韧、果断、敏捷等许多优良素质。体育锻炼能健全心血管系统，增强呼吸功能，加强消化系统功能，能改善神经系统的均衡性和灵活性，还能促进人体生长，提高人体的抗病能力。

　　同时，体育锻炼能增强人体对外界环境的适应能力。

　　运动能使身心产生愉快感。缺乏体育锻炼，会使人产生多虑和抑郁，生活缺乏兴趣，睡眠不彻底，无精打采，学习效率低，缺少自信心，面对意外情况和社会压力应激状态差，常常摆脱不了心理挫折和失败的阴影等。这些都是身心不健康的具体表现，应通过加强体育锻炼去改变。

　　人们在工作一段时间后，特别是已经感到注意力有些涣散的时候，应暂停用脑，赶快活动一下，可在办公室里举手、踢脚、屈伸，也可以到户外做做操、练练拳。表面上看来，似乎这些活动占去了一些时间，但工作效率的提高，将远不止补偿你这么多时间，尤为重要的是，你额外得到了一个健康的身体。难怪有人把每天坚持运动，比喻成"零存整取"的健康投资。罗斯福认为：充沛的精力寓于健康的身体。体育和娱乐虽然用去了一些宝贵的时间，但长久地获得了健康。

　　没有非凡的体魄，没有超人的精力，要经受紧张的脑力活动，担负起繁重的工作任务，无论如何也是不可能的。平常注意多运动，锻炼好身体，不仅更有利于作出卓越的成绩，而且随着时间的流逝，并不会使身体严重老化，你仍能思维敏捷、精力充沛，并继续创造价值。

这不正是不懈的日常运动带来的勃勃生机吗？

比如说，在忙完了一天的工作之后，人在心理和体力两方面都需要摆脱一下工作。但你经常将公文包带回家继续挑灯夜战，这只会产生反效果，使你越来越没有精力在白天处理好事务。而且也会减少在办公室里把工作做完的冲劲，因为你会想："如果白天做不完，我可以在晚上继续。"久而久之，就会养成一种拖延的毛病。

因此，"班上事，班上毕"。除非有紧急的事务，不然，就不必把工作带回家。你将享有一段舒适的晚间休息时间和一晚上与家人同乐的美好时光，这将是一件非常美妙的事情！

一个人工作太久，疲惫和压力就会产生，厌烦也逐渐侵入，这时如果不改变一下工作步调，就可能会造成情绪不稳定、慢性神经衰弱以及其他毛病。调节不一定需要休息，从脑力劳动转换去做几分钟体力劳动，从坐姿变为立姿，绕着办公室走一两圈，都可以迅速恢复精力。

成功者有各自的休息和保持健康的方法，旧金山全美公司的董事长约翰·贝克每天坚持晨泳和晚泳，还经常抽空去滑雪、钓鱼、越野走以及打网球；包登公司的总裁尤金·苏利文养成习惯每天走过二十条街去他的办公室；联合化学公司董事长约翰·康诺尔偏爱原地慢跑，一直保持着标准体重。

居里夫人一生忙于科研，在丈夫不幸去世后，她的工作更加繁忙了，但她认识到，"科学的基础是健康的身体"，为了科学事业，必须要坚持锻炼，她选择的运动就是散步。

世界著名科学家爱因斯坦惜时如金，但他每天仍然抽出时间从事体育活动。

一次，他去比利时访问，国王和王后准备隆重欢迎这位杰出的科学家。火车站张灯结彩，官员们身着礼服列队在车站迎接，可是，旅客都走光了也不见爱因斯坦的影子。原来，他提着皮箱，拿着小提琴，提前在一个小站下了车，一路步行到王宫。

王后问他："为什么不乘火车到终点站，而偏偏徒步受累呢？"

他笑着回答："王后，请不要见怪，我生平喜欢步行，运动常带给

缓解压力，平衡心理

生活中，我们会面临各种各样的压力，比如情感压力、精神压力、生理压力等。对于年轻人来说，很多压力都是在短时间内忽然出现的。面对诸多压力，如何调节自己的情绪，以使心理、生理达到平衡尤为重要。

在一次火灾事故中，人们从废墟中找出一对孪生兄弟，他们是这次灾难中仅存的两个人。尽管他们从死神手下逃了出来，但都被无情的大火烧得面目全非。他们被送往当地的一家医院。后来，哥哥经常对医生唉声叹气地说："我被烧成了这个样子，以后还怎么出去见人，还怎么养活自己呢？与其赖活还不如死了算了。"弟弟则经常劝哥哥说："这次大火只有我们得救了，因此我们的生命更加珍贵，我们的生活最有意义。"

兄弟俩出院后，哥哥整日生活在灾难的阴影中，面对别人的讥讽，始终抬不起头来，后来对生活完全失去了信心，再也没有了活下去的勇气，于是偷偷服了大量的安眠药，结束了自己年轻的生命。弟弟却时常提醒自己："我的生命比谁都珍贵。"无论遇到多少冷嘲热讽，他都咬紧牙关挺过去，坚强地生存了下来。

一天，弟弟在为别人送货的路上发现不远处的一座桥上站着一个人。他预感到情况不太妙，于是急忙停车向那个人跑去。可是没等他跑到跟前，年轻人已经跳下了河。这时，他也勇敢地跳下河，将年轻人救了上来。

原来这个年轻人十分富有，只因经受不住失恋的打击而产生轻生的念头。后来，年轻人决定帮助弟弟干事业。这样，弟弟从一个薪水微薄的送货司机，凭着自己的诚信经营，逐渐发展起了一个有数百万资产的运输公司。

压力其实不可怕，若我们能采取积极的态度加以对待，那么压力就会成为成功的动力。不信可以看看这则故事。

北海道盛产一种味道奇特的鳗鱼，海边渔村的许多渔民都以捕捞鳗鱼为生。鳗鱼的生命非常脆弱，只要一离开深海区，要不了半天就会全部死亡。

有一位老渔民天天出海捕捞鳗鱼，奇怪的是，返回岸边之后，他的鳗鱼总是活蹦乱跳。而其他捕捞鳗鱼的渔民，无论怎样，捕捞到的鳗鱼回港后全是死的。

由于鲜活鳗鱼的价格要比冷冻的鳗鱼贵出一倍，所以没几年工夫，老渔民一家便成了远近闻名的富翁。周围的渔民做着同样的事情，却只能维持简单的温饱。

后来，人们才发现其中的奥秘。原来鳗鱼不死的秘诀，就是在整仓的鳗鱼中放进几条狗鱼。鳗鱼与狗鱼是出了名的死对头。几条势单力薄的狗鱼遇到成仓的对手，便惊慌地在鳗鱼堆里四处乱窜，这样一来，整船死气沉沉的鳗鱼被全部激活了。

没有压力就没有动力。适度的压力可以挖掘人的潜能，对人大有益处。但是物极必反，如果压力过度，就会产生生理和心理方面的不良反应，比如心跳加快、失眠、忧虑、急躁、恐惧等，所以，这时减压刻不容缓。下面介绍几种减压技巧。

1. 用音乐消除紧张。一些被称为"新时代音乐制品"的录音带专门用来安抚人的紧张情绪。许多音像制品商店出售一些具有天然安抚声音的磁带和光盘，如小溪的潺潺流水声、大海的波涛声、暴风雨的声音等，这些音乐可以迅速消除一些紧张情绪。

2. 泡个热水澡。热水可以使紧张的肌肉放松，安抚人的灵魂。泡个热水澡，洗一次温泉浴，或者仅仅冲一次热水澡。

3. 保持积极的态度。我们如何不断地评价周围的环境——一种内心深处的心灵对话——常常影响我们的情绪和焦虑水平。

4. 向消极面挑战。如果你感到绝望、痛苦，抱怨或感到自己受到不公正待遇，就对你的思想进行一次军事检阅，找出不合逻辑的原因，然后改变它。

5. 努力改变一切。确认你生活中的压力因素。然后看一看，你是否可以减轻它们的负面影响。要学会对付潜在的压力。

6. 抓住时机。学会大致安排时间。做一张时间表，在上面写上日期，列出优先要做的事情，根据重要性和紧急程度列出先后次序。不要仅仅考虑紧急程度，因为它通常具有巨大的诱惑性。同安排时间工作一样，重要的是安排时间休息和娱乐。

7. 安排好自己的工作。每天下班之前安排好第二天的工作。这样，你就不会感到时间老在催你，以及受一些没有事先安排和出乎意料的事情的折磨。

8. 休息片刻。如果你伏案工作，每隔30分钟左右要站起来活动活动，放松一下紧张的肌肉。当你完成一项任务时，要奖给自己短暂的休息。呼吸点新鲜空气，散步5分钟，或者喝一杯茶。找到你自己喜爱的、可以纵情享受的休息方式。